根计划

人文价值主导的城市规划运营智慧

华夏智库
金牌培训师
书系

王一臣◎著

U0289311

中国财富出版社

图书在版编目（CIP）数据

根计划：人文价值主导的城市规划运营智慧／王一臣著．—北京：中国财富出版社，2015.11

（华夏智库·金牌培训师书系）

ISBN 978 - 7 - 5047 - 5846 - 0

Ⅰ.①根…　Ⅱ.①王…　Ⅲ.①城市规划—研究　Ⅳ.①TU984

中国版本图书馆 CIP 数据核字（2015）第 198178 号

策划编辑	范虹轶	责任编辑	刘淑娟		
责任印制	方朋远	责任校对	梁 凡	责任发行	邢有涛

出版发行	中国财富出版社			
社　　址	北京市丰台区南四环西路 188 号 5 区 20 楼		邮政编码	100070
电　　话	010 - 52227568（发行部）		010 - 52227588 转 307（总编室）	
	010 - 68589540（读者服务部）		010 - 52227588 转 305（质检部）	
网　　址	http://www.cfpress.com.cn			
经　　销	新华书店			
印　　刷	北京京都六环印刷厂			
书　　号	ISBN 978 - 7 - 5047 - 5846 - 0/TU · 0048			
开　　本	710mm×1000mm　1/16		版　次	2015 年 11 月第 1 版
印　　张	14		印　次	2015 年 11 月第 1 次印刷
字　　数	175 千字		定　价	35.00 元

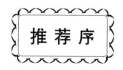

推 荐 序

未来的城市和城市人

王一臣先生是我相识、相知多年的好友，曾几何时，他在我的朋友圈中有个"生态男人"的称呼。简而言之，除了身体生态外，重要的是思想生态——对原始的、本真的、淳朴的事物有着近乎偏执的偏好。

我这几年一直旅居上海、"云游"四方，已经有两年多的时间没有和王一臣先生把酒言欢、促膝夜谈了。当他把这本书的书稿呈现在我面前的时候，我一点都不惊讶和奇怪。因为，这才是我心目中有着专业诉求的王一臣，诚如这本书所展现的内容一样，这才是一个城市的规划运营所应秉承的东西。

未来的城市人

下一个十年是移动互联网的十年，而在这个十年中，人类已经开始甚至是进化成一个新的物种，一个新的矛盾体的物种。

或许就是将来的某一天，因为具有某座城市历史、文化、人文价值的一条老街、一片百年前的老建筑、一个公园或一座桥，一个个地被拆以及被千人一面的东西所取代，这座城市的居民或往来的商旅客人，每到一个相对应的地址，都能通过扫门牌号上二维码的方式，了解到这里过往的变迁及以前的风貌。但是，这是进化吗？我们不会喜欢这样，我们所希望的是穿梭在保留了城市百年风貌元素的街巷中，一路欣赏着、享受着、消费着代表这座城市历史人文及特色性的"土八怪"。

这和时代的巨变和城市的继续进化矛盾吗？当然不会。说到这里，不禁想起我北京、上海等地的朋友。他们非常喜爱丽江、大理，因为无论是从多么现代、发达的地方来的旅客，无论是穿得多么奇形怪状，无论是拿着多么先进的"长枪短炮"还是拿着十年前就老土的相机、手机，他们都和当地纳西族、白族们的"土族""土楼""土街"是那么和谐的相处。

不过，我们应该也有理由相信，这不过是不了解当地朋友们的"单相思"而已，那些原住民乃至后来迁移过来的常住民，也难免存在城市过往人文"沦陷"的失落。

我们要让自己记忆犹新、梦想传承的东西坍陷在城市的现代化进程中吗？我们要让自己城市的文化记忆、历史故事、人文价值和城市文脉消失在一面、一色的钢筋水泥的丛林中吗？

未来的城市

在过去的一年中，我待过时间超过一天的县级以上城市至少有60个，现在如果让我想想对哪个城市印象最深刻，答案就是广东的惠州。

这个城市，将上天赋予的自然、先人传承下来的人文、历史沉淀下来的文脉与现代化的摩天大楼等城市装备很好地融合在了一起，并为这座城市的人保留了许多直接能感受、可参与的，而非只是记忆的东西。

我希望中国有更多这样的，让我们记忆深刻、深以为好的城市，而不是都像从一个模子整容出来的苍白的、僵硬的"明星脸"。

尽管我对城市的规划、运营终归是一个外行，但我相信，只要是对先人、后代有所担当的人，都不想辜负自己的城市。王一臣显然就是这样的人，他意图通过这本书，告诉我们怎么彰显城市尊重自然的人文价值，怎么疏通城市人文和未来记忆的生命管道，并试图对此有所担当。

所以，他在这本书中把人类栖居的城市定义为文化产品传播、繁荣的载体和源泉，人类文明的活化石，不断发展的动态系统；他及其他倡导的核心智库要担负起帮助我们梳理、挖掘、整合、保存、传扬、创新以及充分发挥人文价值在城市规划运营中的作用。

所以，他认为要以"四不"准则来开展一个城市的人文价值规划：一是不读县志不规划，二是不做区位和场地分析不规划，三是不延续资源和文脉不规划，四是不讲实事求是不规划。同时，也一直在强调"把握城市发展的客观规律"，面向城市未来进行规划运营。

我非常认同这种观点。因为一个城市的未来更多的是建立在这个城市过去的基础上的，一个城市的未来更多的需要基于自己"城民"人性需求的释放和满足。

不过，我们需要注意的是，这里的"城民"不是一代代过去了的先人，而是现在的、未来的城市公民。也就是说，规划、运营做得好的未来城市，一定是很好地、透彻地定义了自身现在及未来"城民"的城市。

自完善的城市

通过定义未来的城市人来定义未来的城市，能在这本书中找到对应的内容。不过，我认为，每一位读者都要留意在本书中寻找城市规划与运营中的自完善的脉络。

这里所谓的"自完善"，就是说城市就像一个有机的生态，她本身就具有自我组织、调节及完善的能力。而要实现这点，就像本书中所提到的一样，需要多元化的城市规划、运营的参与者。其中非常重要的一点是，要让自己城市的"城民"参与进来。

庆幸的是，下一个十年是移动互联网的时代，也是在移动互联网基础上进化的万物互联的时代。在这样的时代，只要是拿着能上网的手机或 iPad（平板电脑）的城市公民，都能直接与城市的规划、运营者对话。

在这样的时代，调研即征询、规划即传播、运营即完善——城市规划、运营中的自完善特征将会体现得更为明显和充分。

"风生水起，蔚为壮观"的新城市时代正在来临。

中国商业联合会零售供货商专业委员会专家顾问、

中国著名品牌战略咨询专家

李政权

2015 年 6 月

前 言

核心智库，中国软实力的价值盛宴

《国家新型城镇化规划（2014—2020年）》明确提出，新型城镇化要根据不同地区的自然历史文化禀赋，体现区域差异性，提倡形态多样性，防止千城一面，发展有历史记忆、文化脉络、地域风貌、民族特点的美丽城镇，形成符合实际、各具特色的城镇化发展模式。注重人文城市建设，发掘城市文化资源，强化文化传承创新，把城市建设成为历史底蕴厚重、时代特色鲜明的人文魅力空间，并以之贯穿城市规划、建设和运营全过程。

事实上，中国城市千城一面，万镇一色，文化记忆淡漠，历史故事消失，人文价值沦陷，城市文脉严遭破坏，处处是钢筋水泥的森林，挤压和威胁着人类的幸福生活空间，丢失了城市自己的品格和信仰。在城市建设运营过程中，城、市、产、人严重分割错位，成为事实上的"空巢""空市""空业"，错乱了城市文明、精神、品性和诗意栖居的追寻方向，丢失了人类对自然人文历史的敬畏之心、拥抱之情和融合进化之志。人文价值是城市文化和精神的核心与根本，是城市千姿百态、具有独特魅力的灵魂。一个城市没有人文的温度、厚度、关怀和胸怀，这个城市就失去了生命记忆和精神信仰。这样一种城市发展的切入理念，将会与官吏学术和政经体制的价值体系之间出现重大歧异，城市的根性活力和生长路径面临挑战。

城市发展史的铁律是：无规划不城市，无人文不魅力，无运营不持续。以人文主义价值观为核心的规划，是打造城市差异化竞争力、实现新型特色城镇化的利器。城市运营则是助力人文价值释放市场能量的超级保姆和驱动力，是一个城市活力的体现和价值提升的贡献体，是检验人文价值规划力量的尺度和落地施行的真理实践，也是创造各具特色的城镇化发展模式的必经之路。没有正确的城市运营态度和战略，再好的规划、项目也不可能获得持续发展。现行政府的运行机制和行政体制说明，中国的城市运营还处于初始平台建造阶段，人文精神的挖掘、活化、传扬和再根植，还有一段漫长的路要走。狭隘的观念和胸怀、错误的战略和决策、残缺的治理和运营同样是幕后推手，其根源在于没有建立和形成独特、科学、全过程的人文价值主导的城市规划运营战略的核心智库。

2015 年 1 月，中共中央办公厅、国务院办公厅正式印发了《关于加强中国特色新型智库建设的意见》（以下简称《意见》），并发出通知，要求各地区各部门结合实际，认真贯彻执行。根据该《意见》，中国将重点建设 50 ~ 100 个国家亟须、特色鲜明、制度创新、引领发展的专业化高端智库。《意见》指出，到 2020 年，统筹推进党政部门、社科院、党校行政学院、高校、军队、科研院所和企业、社会智库协调发展，形成定位明晰、特色鲜明、规模适度、布局合理的中国特色新型智库体系。

　　然而，长官群体意志的强权话语，漠视民众意愿、专家意见、资本意图和市场配置资源的决定性，凌驾于城市人文的高空，建造了一道针扎不透、水泼不进的臭氧层，继而阻隔了规划思想与运营智慧的营养供给，引发规划设计的平庸思维，削弱城市独特的人文价值主张，逼迫规划的价值主体退位。很多城市规划已然陷入技术规范评判规划好坏的旋涡，甚至成为专家领导一对一排他性的精神契约。规划里的人文价值"遇冷"。

　　现行党政体系里的"智库"是基于服务领导的咨询研究部门，其研究内容、研究手段、研究资源和专家结构，具有从属、特定、封闭的单元性和指示性，其思想呈现为非社会性和非城市性的一维空间。因此，要建立以人文价值为主导的城市规划运营的核心智库，建立以城市人文为根、以百姓福祉为本、以党政服务为核、以专业独立决策为舵、社会人力资源广泛参议的智库发展战略，并将其转化为施政治理能力，推动中国经济社会稳健发展。

　　新型城镇化和特色智库建设的国家战略，为新型城镇化和核心智库的发展注入了强大动力和生命活力，描绘了一幅中国人民建设伟大祖国的壮丽画卷，不仅让我们看到了中国国家软实力的价值盛宴，更让我们看到一道人文曙光冲破体制和思想的藩篱，将普天之下、率土之滨温暖照耀。中国千城万镇必将仪态万千，风韵万千，特色万千。中国人民和谐安康幸福！

作　者

2015 年 6 月

目 录

c o n t e n t s

1

第二部分　人文价值为主导的核心智库

第三部分　人文价值为核心的规划

第五部分　未来城市之路

第一部分

人文价值的俯卧与站立

第一章　城市人文价值的俯卧

一座城市的人文价值，提升着一座城市的文化品格。每个城市之所以千姿百态，正是由人文价值呈现出来的生态、人文、根性的城镇化特征。这种特征的形成，源于对城市人文、生态、自然资源的保护、保存，并在此基础上的挖掘、整理、活化和展现。

第一节　俯卧是积蓄力量的成长策略

名与实对，务实之心重一分，则务名之心轻一分。
　　　　　　　　　——明代著名思想家王守仁《传习录》

务实，是中国农耕文化较早形成的一种民族精神。它排斥虚妄，拒绝空想，鄙视华而不实，创造了中国古代社会灿烂的文明。务实精神作为传统美德，仍在我们当代生活中熠熠生辉。在现代城市建设过程中，保护、保存城市的人文资源、自然资源和生态资源，应该采取务实、低调的态度，不对其进行破坏和商业性开发利用，走可持续发展的道路，这是城市积蓄力量的成长策略。

务实、低调的行为和品性就像做俯卧撑，只有扎实的"挺身伏地"基本动作练好了，才能在站立时展现出昂然的精神风貌。

广州的城市建设深谙务实低调之道，一方面，城市规划力图实现传统与现代城市风貌的共荣，跻身世界文化名城之列；另一方面，积极探索对本土文化的守护措施。地处广州闹市区的上下九、陈家祠、沙面、恩宁路、荔枝湾、广州城隍庙、南越国宫署博物馆等"老地方"被整饬一新。这些凝聚了广州厚重文化底蕴的地方，正是"老广州"的精华所在。在这之中，南越国宫署博物馆则是最浓墨重彩的一笔。

被誉为"广州的庞贝古城"的南越国宫署遗址自1975年开始发掘，先后清理出秦代造船遗址，南越国宫苑的大型石构水池和曲流石渠遗迹，以及南越国、南汉国宫殿遗址。1995年，在广州市电信局大院的建筑工地内发现南越国的大型石构水池，制作精工，由于遗迹极其重要，引起中央、省、市各级政府领导的高度重视。在当时，广州市的领导站在"广州不缺高楼大厦，缺的是重要的历史文化遗迹"这一高度，来看待文物保护和经济建设的关系。先是广州市政府根据专家的论证意见和省、市各有关方面提出对遗址保护的建议，决定斥资1.9亿元赎回原计划兴建信德文化广场的地盘，接着又提出在遗址的周围划出4.8万平方米为文物保护区。1998年7月，广州市政府发布《关于保护南越国宫署遗址的通告》，初步划出4.8万平方米为文物保护区，对一个历史文化遗址发布地方行政法规加以切实的保护，这在广州历史上尚属首次。广州市政府又决定在儿童公园内进行选点试掘，发现有南越国的宫殿遗迹，就把儿童公园搬迁，由文物部门规划进行大规模的发掘。2000年，在原儿童公园内试掘发现南越国的1号宫殿遗迹，广州市政府又出资3亿元将儿童公园迁出另址新建。

这些重要遗迹的发现都得到广州市委、市政府的大力支持，得到妥善的保护，较圆满地解决了这一重要遗址在保护与建设方面的矛盾。1996年，南越国宫署遗址被评为全国重点文物保护单位，2006年被列入中国世界文化遗产预备名单，2011年进入"2012世界遗址观察名单"。作为城市核心区内大遗址保护的崭新尝试，南越王宫博物馆力求在文物保护的基础上，让遗址本体说话，同时更多地关注公众感受，并通过多种手段让公众了解遗址内涵。

广州对于南越国宫署遗址的开发和保护可谓务实而低调，充分体现了大遗址开发"保护第一"的首要原则。广州市政府为了保护好这些重要的历史文化遗迹，不但斥巨资予以保护，还愿意在繁华的商业中心地段划出4.8万平方米的范围为文物保护区，要是没有坚实的经济基础，是不可能有这么大动作的。领导对文物工作的理解和重视，加上文物工作者执着的专业精神和卓有成效的工作成果，坚定着领导的信心，这又是一个很重要的因素，可谓缺一不可。为此，有人写文章认为，"南越国宫殿和御苑遗址受到如此妥善的保护，这是它的幸运，也是民族文化的幸运，更是华夏子孙的幸运"。

一座城市的历史遗迹蕴含着这座城市的文化传统，城市的历史文化传统，往往也是城市标志的主要组成部分。古罗马帝国时期天主教思想家奥古斯丁曾经说："一座城市的历史，就是一个民族的历史。"我国著名作家冯骥才说："我真害怕，现在中国的城市正快速走向趋同化；再过 30 年，咱们祖先留下的千姿百态的城市文化，将所剩无几。"很难想象，没有老城墙的西安还是西安吗？今日的济南日新月异，然而，"家家泉水，户户垂柳"8 个字依旧是济南人心中的生活景趣之一。

每一个城市的历史特征，都是千百年来不断进行人文创造的结果。可以说，一个没有文化的城市，好比是一个贫血的城市；一个没有历史的城市，便是一个没有品位的城市。因此，在城市建设过程中，要把务实、低调的"俯卧撑"功夫做到家，必须要在思想上正确辨识什么是务实和低调，更要在实践中真正做到务实和低调。

干事业必以务实方能取得成功，这是古今中外皆然的道理。务实就是讲究实际、实事求是，而务实者一定是低调的。务实者的低调不仅是思想大成者，更是事物发展的客观要求和人类追求永恒价值的大智慧。第一，没有时间。身处这样一个大变革大发展的时代，城市建设工作任务重，新鲜事物多，时不我待，务实者恨不得用好每一分钟多干实事，推动城市发展，哪有时间摆姿势、唱高调？第二，没有心思。干事情不能心猿意马，搞城市建设同样需要聚精会神，务实者总想着一心一意地投入全部精力，破解城市建设过程中的难题，造福于民，哪有心思吹自己、玩虚的？第三，没有必要。埋头苦干、认真做事，不仅会使建设工作扎实、生活充实、心里踏实，有效地保护、保存城市资源，而且一定能够赢得群众的认可、信任和支持，务实者经得起风浪考验、实践检验，何须刻意包装张扬，赶时髦、摆功劳？

务实与低调，二者就像一片叶子的两面，有机统一、不可分割，实际上是一种实事求是的思想作风和工作作风。具备这种作风的城市规划者和建设者，在城市建设过程中必然是低调的，也就是讲求实际、不尚浮华。务实与低调的背后，承载的是百姓利益，根植的是城市旺盛的生命力。

做到务实、低调，就要坚决避免那些丰富而宝贵的文化遗产因为城市的发展而消失，要对其及时进行挖掘、整理、活化和展现，使那些不可再生的古老文明显示出价值和魅力。

做到务实、低调，就要根据资源承载能力和经济社会可持续发展能力对资源进行科学分类，明确城市发展方向和重点任务，探索出富有城市特色的发展模式。

做到务实、低调，就要牢固树立生态文明理念，加强资源利用规划和管理，提高资源节约和综合利用水平，强化生态保护和环境整治，推进绿色发展、循环发展、低碳发展，实现资源开发与城市发展的良性互动。

做到务实、低调，就要以解决人民群众最关心、最直接、最现实的问题为突破口，千方百计扩大就业，大力改善人居环境，加快健全基本公共服务体系，使广大人民群众共享城市改革发展的成果，促进社会和谐稳定。

城市无论大小，均有它特定的履历、个性、品位和氛围；城市文化不仅是一种精神资源，也是一种物质资产。构建传统需要一个漫长的过程，而不是一朝一夕几年十年的事情，需要以务实的精神展开工作。只有这样，才不会丧失城市的灵气、个性和品位。正因如此，平遥的保护、丽江的保护、周庄的保护，才带来了一方热土的繁荣，带来了百姓幸福的快乐生活。

第二节　城市文化的先融后立

> 商契能和合五教，以保于百姓者也。
>
> ——《国语·郑语》

《国语》是中国最早的一部国别体著作，记录了周朝王室和鲁国、齐国、晋国、郑国、楚国、吴国、越国等诸侯国的历史。这段（《郑语》）记载说的是，殷商时期的官员契为了使百姓安身立命，将当时5种不同的人伦之教加以融合，实施于社会，教化于百姓。从契的实践可以看出，当时的"和合"已经表明多样性的统一。事实上，和合观是汉族传统文化的基本精神之一，也是一种具有普遍意义的哲学概念。和是指和谐、和平、祥和；合是指结合、融合、合作。传统文化的这种"多元性"延续至今，体现于当今的城镇化进程中。

城市是文化的载体，文化是城市的灵魂。文化是形成城市个性、构建城市公共心理的基础，它不仅可以为城市的发展提供经济支撑，而且直接影响着城市的综合竞争力。事实上，在当今国际社会越来越多元化的今天，中国城镇化过程已经出现了多元文化的相互碰撞与相互融合，以至于2010年的上海世博会的主题定为"城市让生活更美好"，更以"城市多元文化的融合"作为副主题之一。

多元文化并非意味着各种不同地域、不同民族的文化对立，而是说多元文化必须相互借鉴，逐步融合，进而形成一种崭新的文化。这种崭新的文化在城市中可分为四大类别，即城市建筑文化、城市科技文化、城市环保文化以及城市民族文化。我们强调城市文明的先融后立，就是通过这4个方面"立"起来的。

中国传统建筑文化与现代城市的融合，形成了城市独特的建筑风格，这是城市发展繁荣的标志。以上海外滩的建筑风格为例，这里的早期建筑形式多为欧洲古典式、文艺复兴式和中西结合式，到19世纪末，在钢筋水泥框架上发展起来的形式有意大利巴洛克式、仿文艺复兴式和具有集仿主义复兴风格的古典式。1927年重建落成的江海关大楼，从早期的古庙式，到19世纪末期的西洋式建筑，直至今日所见的巍峨雄峙、上有钟楼的英姿，则是欧洲古典和近代建筑相结合的折中式。外墙用金山石作墙面，东部沿外滩高7层用金山石砌筑，外滩大门前为希腊多立克式柱廊。一眼望去，气魄伟岸，一扫中期西洋式的那种接近庭院式建筑的格局。上海街面日新月异的建筑和街面上异彩纷呈的万国店面装饰，与外滩的高楼大厦万国建筑艺术风格契合得更紧密、更融洽、更和谐。

上海建筑文化与城市的融合，既能有效保留历史文化，又发展了经济，可谓一举两得。除此之外，有些建筑被政府活化重建，成为旅客游览的名胜。比如，在外滩对面的黄浦江边矗立的一座亚洲第一、世界第三的东方明珠广播电视塔，又名东方明珠塔，犹如一串从天而降的明珠，散落在上海浦东这块正在继续雕琢的玉盘之上，在阳光的照射下，闪烁着耀眼的光芒，成为上海新的标志性建筑。它打破了往日上海欧陆式的建筑风格，用现代化的建筑手法为上海打造了新风貌。从这些建筑中，可见上海这座现代化大都市的文化与城市的融合。

多元文化不单指建筑，还包括城市科技文化。在这方面，全国很少有城市的科技和文化的融合比得过深圳。深圳高度重视发展文化创意产业，在加强政策扶持和服务、探索文化创意产业发展模式、打造文化创意产业发展平台等方面努力探索新路，形成了"文化创意""文化科技"等文化创意产业发展新模式。2011年，全市文化创意产业增加值超过900亿元，占GDP（国内生产总值）的比重达8%，引起了国内外的瞩目；2012年，全市增加值1150亿元，占GDP的比重达9%；2013年上半年增加值实现了超过20%的增长。

从中国科技中心城市的理论研究和实践发展情况来看，中国正在逐步走入经济快速稳健发展的历史阶段。像深圳这样经济发达的东部沿海城市，不仅迈入信息化的社会经济发展阶段，而且科技产业的投资与发展模式也日趋成熟。其他城市也大都在自身竞争优势的基础上，寻找适合当地条件的科技产业发展道路。

科技进步是一个城市逐渐成熟和具有可持续发展能力的重要标志。发展城市科技文化，在现阶段应该着眼于这样的战略思路：一是重新定位地方政策在城市科技创新体系中的作用，并加大政府的创业资金和运营补贴支持力度，大力发展创新企业服务的企业组织形式；二是重构城市科技文化发展的基本模式，建设城市科技产业交流与协作的网络系统以提高企业的根植性，提高产学研一体的组织结合力度以推进科技研发成果转化，加快城市的信息化平台和系统建设以推进数字工程；三是提升城市对区域经济系统中其他地区的市场需求满足程度，提高对非国有经济实体开展科技全新系统投资的激励程度。

城市环保文化涉及居住环境、生活设施、生活成本、职业发展潜力等诸多因素。在推进城镇化的同时，加大环保建设的投入，按照生态规律，合理开发利用环境资源，对于促进环境与经济协调发展，提升城市参与经济全球化竞争和实施可持续发展战略关系极大。事实上，中国现在有越来越多的城市在谋求城市环保文化的创新。在这一大潮中，从深圳湾畔的一片滩涂起步的华侨城则为其他城市提供了成功的样板。

华侨城集团的城区建设与房地产开发，一开始就秉承"在花园中建城市"的开发理念，为人们提供优质的生活享受和文化体验，华侨城成为令人瞩目的绿色家园，也成为优质生活方式的代名词。华侨城集团培育的锦绣中华、世界之窗、欢乐谷连锁、波托菲诺、茵特拉根小镇、华侨城大酒店、威尼斯酒店、城市客栈等著名品牌均耳熟能详。

和一般意义上的开发商相比，华侨城作为中国领先的城市运营商，是以"城"为设计的起点，旨在让公众更好地了解其环保属性和文化属性。不仅如此，华侨城对"城"的要求有完美主义的倾向。在项目建设前，华侨城主动邀请过多个国家知名设计公司和规划大师提交方案，这个过程中不断了解各异的风格，有的擅长水文体系，有的对植被构成有经验，有的则能提供独特的文化创意视角。一个最终方案的确定，往往是多种理念重新融合的结果，站在全球著名公司和顶级规划师的肩膀上来建"城"，让华侨城的思路和远见更加接近最佳环保状态。"文化""环保""人性化""审美"等这些高于建设标准、适用于片区综合运营的附加砝码被一项一项叠加考虑，这正是华侨城的核心竞争优势所在。想法和理念的领先让华侨城员工有很强的荣誉感，他们更愿意介绍自己是旅游与文化的经营者。

城镇化事关现代化，事关子孙后代，是中华民族的千年大计。但现实的情况是，城镇化面临着环境污染、机动车污染、生态失衡三大环保问题，在问题面前更要有长远眼光，必须强调尊重自然，适应自然，突出天人合一，突出人与自然的和谐可持续发展。在很多城市谋求环保文化创新的时候，华侨城集团的"城"的设计理念值得借鉴和推广！

城市民族文化是营造民族地区城市品牌和特色的一大核心资源，民族地区在城镇化进程中应该加强民族文化建设，使城镇化与民族传统文化的保护、开发、利用同步进行，和谐发展。

每座城市都要有自己的风格。呼伦贝尔市的性格就是它"心有多大，草原就有多大"的博大胸怀。而在这片草原上世代传承的北方少数民族文化，则是这种性格的灵魂，也是呼伦贝尔市独树一帜的魅力所在。

在历史上，呼伦贝尔草原、大兴安岭林海孕育了多个北方少数民族，拓跋鲜卑从这里举足南迁、入主中原；成吉思汗在这里厉兵秣马、气吞万里，而祖辈居住于此的达斡尔、鄂伦春、鄂温克等少数民族更是风情独具。这种原生态的文化在呼伦贝尔得到了最完整的保存。北方少数民族尊崇自然的理念和当地政府对生态的极力保护，使呼伦贝尔的自然环境得以最大限度地保持原貌，呼伦贝尔草原被誉为"中国最美的草原"，与科罗拉多大峡谷和南极并称为"人类最后的伊甸园"。

民族文化品牌的推出让呼伦贝尔市的旅游业得以蓬勃发展。到2014年年初，呼伦贝尔市旅游总人数已经突破400万人次，旅游总收入突破50亿元。"中国最佳民族风情魅力城市"桂冠的摘取，更是让呼伦贝尔名声大噪，各大宾馆饭店一扫冬日的冷清，入住率均高于往年。

呼伦贝尔市在向文明富裕跨越的同时，民族文化也得到了传承、弘扬、发展。这让呼伦贝尔市收获了名气，向世界递出了散发着草原清香的"魅力名片",从而提升了呼伦贝尔市的知名度,由此带来了更高层次的关注目光。

城镇化进程是时代发展的趋势,同时,城镇化对民族传统文化的冲击也是不可逆转的。这就要求有关部门必须制定切实可行的措施,把保护民族传统文化纳入城市建设规划,同时要发挥教育和舆论的导向作用,增强民众的保护意识,为民族传统文化的生存提供社会条件。

总之,现代城市必须接收各方文化,做大融合,通过选择主题文化,树立城市文化品牌形象,使之得以传扬和开发利用。只有这样,独具特色的城市形象才能真正地树立起来。

第三节　谁在坚持锻炼 "俯卧撑"

> 不飞则已,一飞冲天;不鸣则已,一鸣惊人。
>
> ——"春秋五霸"之一、楚庄王熊侣

楚庄王熊侣是春秋时期楚国著名的贤君,少年即位,面临朝政混乱,为了稳住事态,他表面上3年不理朝政,实则暗地里在等待时机。有人问他为什么不理朝政,他以飞鸟为喻,回答道:"不飞则已,一飞冲天;不鸣则已,一鸣惊人。"他在位22年,为了振兴楚国,物色到了一大批忠臣良将,为朝廷所用。他知人善任,广揽人才,重用了苏从、伍参、孙叔敖、沈尹蒸,让他们整顿朝纲,兴修水利,重农务商。在楚庄王的领导下,国家日渐强盛,最终使楚国成为"春秋五霸"之一。

在中国如火如荼的城镇化进程中，有很多坚持做足务实、低调的"俯卧撑"功夫的城市，以"不飞则已，一飞冲天；不鸣则已，一鸣惊人"的胸襟和志向，迈着稳健的步伐，为城市的后续发展蓄积着能量。这类蓄势腾飞的城市，应该说是具有博大胸怀和战略眼光的。在坚持锻炼"俯卧撑"的许多城市中，我们信手拈来列举几座城市。下面，就让我们来看看这些城市是如何做的吧！

佛山历史上出过戊戌变法的康有为、武术名家黄飞鸿、独创截拳道的李小龙、传扬久远的咏春拳、政治活动家何香凝、造出中国第一条自主研发铁路的詹天佑、"亚洲股神"李兆基、"珠宝大王"郑裕彤、香港特首曾荫权。此外，佛山还有"中国铝材之都""陶瓷之都"之称，有中国空调业的格兰仕、美的、科龙、志高，在中国百强县中有顺德、南海。就是这么一座有着辉煌历史和现代经济实力的城市，在2013年4月胡润广东富豪榜揭晓时，很多富豪知道自己上榜时非常不开心。为什么？因为佛山的富豪大部分都是做制造业和房地产的，都很低调务实。因此，胡润百富榜创始人胡润曾经还邀人向他推荐隐性富豪。

南宁的低调在于很少宣传，就连获得了联合国人居环境大奖，也几乎无人知晓。南宁人有自知之明，不尚虚荣，不会刻意去和别人比较。外省人认为广西很穷，南宁很穷，其实南宁人的生活水平几乎是西部城市中最好的，城市建设、城市规划、景观绿化等都走在西部前列。2011年6月，中国社科院经济所和首都经济贸易大学联合发布了首个《中国城市生活质量指数报告》，指数主要包括收入现状满意度、收入预期满意度、生活成本满意度、医疗保障满意度、生活环境满意度、生活节奏满意度和生活便利满意度等方面。在全国30个省会级城市中，南宁市各项指数平均值排名第 15 位，其中居民生活水平排名第 6 位。

泉州也很低调。这个福建省的地级市是国家首批 24 个历史文化名城之一，中国古代海上丝绸之路的起点，唐朝时世界四大口岸之一。在历史上有这么大名气，可是全国还是很少有人知道泉州这个地方。泉州的民营经济很强，经济总量多年领跑福建（大众均以为是厦门）。2012 年，泉州全市生产总值达 5093.2 亿元，贡献了福建省近 1/4 的份额。泉州地区生产总值摘下全省十四连冠。

洛阳也很低调。作为中国历史最悠久的九朝古都，它的兴衰交替、悲欢离合可以说是当时中国的真实写照，现在作为中原的老工业基地，为中部崛起自然也做出了很重大的贡献。不过，焕发着永不磨灭的历史光辉的洛阳，自始至终都很沉默、很低调。洛阳堪称一种低调的华丽！

最值得一提的是天津。天津简称津，意为天子的渡口，始于隋朝大运河的开通。事实上，天津是低调的，作为背靠六朝古都北京的港口城市，天津历史上一直将替天子守卫门户作为自己分内的事情，不张扬、不埋怨，任海风吹刮、海浪击打，在不引人注目中成就着自己的事业。尤其是站在滨海新区，这样的感受是最直接的。在中国的 4 个直辖市中，天津是沉默的，在一种可有可无中，天津人排除贪得无厌的心理，气定神闲，按照自己的方式追求着属于他们的那一份梦想。别的不说，就看天津的那些以各个省会和省份命名的街道，你就可以窥见其"以人为贤"的谦虚谨慎。有趣的是，天津人还把自己闻名遐迩的百年金牌老字号包子称呼为"狗不理"，其中包含着做人的幽默，也显示出骨子里的低调。

天津是低调的，但你不能说它是低能的，虽然历史上的列强都喜欢由此而来，但一个朝代的没落不应该归咎于一座城市。今天，从它的发展中也可以见证国家的强大。作为一座不善言辞的城市，你只能从其所作所为中去体味其成就。国家就若一个家庭，男女各安本业，长幼各安礼仪，便是有序，有序便能和谐。万物各得其位，是为天下太平。

如果说城市房地产市场最能反映城市性格，那我们不能不说说广州。性格决定命运，对城市来说亦然。拥有什么样的城市性格，就有什么样的城市命运，而对城市房地产市场的关注，在某种程度上也成了关注城市未来的窗口。

最近几年，房地产市场没有出现过大起大落的城市就数广州了。相对北京、上海、深圳来讲，广州少了一分激情，但多了一分稳重。2011年全面限购之时，北京、上海、深圳3个城市市场出现了比较大的波动，而广州的市场供求关系相对平衡，基本没有受到太大的影响。作为一线城市，广州的市场化程度较高，但房地产市场一直不温不火。早在2010年，广州二手房的成交量已经超过了一手房，说明广州的市场成熟度比较高。曾经沧海难为水，作为华南改革开放的先行者，在市场化程度已经很高的情况下，市场反而更加稳定。此外，广州的成交均价和高价之间没有拉开价差。在3个一线城市中，2013年广州商品住宅成交均价和单项目最高成交价的价差是最小的。这样的市场对消费者来说是非常受欢迎的，如果均价和高价之间没有拉开价差的话，说明整体市场，特别是中高端市场的价格水平非常平稳。

中国的城镇化是一个农业人口转化为非农业人口、农村地域转化为非农业地域、农业活动转化为非农业活动的过程，其实这是城市走向理性务实发展之路的良好机遇。在可以预见的将来，这些坚持做"俯卧撑"的城市，经过"厚积"，必将"薄发"！

第四节　一个城市不能长期 "俯卧"

天长地久，天地所以能长且久者，以其不自生，故能长生。是以圣人后其身而身先，外其身而身存。非以其无私邪？故能成其私。

——《道德经·第七章》

《道德经》又称《老子》《道德真经》《老子五千文》《五千言》，是道家创始人老子的著作。《道德经》全面体现了古代中国人的一种世界观和人生观，无论对中华民族优良性格的铸成，还是对政治的统一与稳定，都起到了不可估量的作用。这段话的大意是说，天地是世上最久远最广大且永世长存的，天地之所以能长久存在，是因为它不是为自己谋生，因此才能得到永恒。所以说，圣人谦让退后反而能够领先，置自身于度外反而能够保全自身。正是由于天地的无私奉献，反而能够成就它自身的利益。

圣人不把自己看得太重，谦让退后，其实是一种低调，而恰恰因为低调，最终反而被众人摆到了前面。这就相当于做俯卧撑，以"低调"的俯卧姿势蓄积能量，最终挺身站立起来，这才是一套有完整动作的力量素质训练运动。同样的道理，一个城市也应该有一套"完整的动作"，不能长期"俯卧"，而是应该树立自己的人文价值与主题思想文化，形成自己独特的城市文化主张，彰显城市魅力和个性。如果一座城市长期俯卧，对其他比肩而起的城市熟视无睹，被动等待，发展速度长期"龟行"，要经济没经济，要文化没文化，要历史没历史，要规模没规模，就必然成为一座庸城！

城市的"低调"，恰恰说明施政者在百姓心中重要的位置，因为没有违背自然规律、没有乱跟风大跃进、没有盲目大拆大建、没有一味求洋求异、没有造新城变鬼城、没有让市民成流民、没有一届政府一张图、没有让市民"住上楼万事愁"、没有乱举债摊大饼。这就是城市建设的"高调"，它把自己调整到以一个合理的心态去踏踏实实地为城、市、人做实事、做好事，在积极行动、持之以恒中，城市健康昂然向前。

创造价值，传承文明，孕育幸福，人与自然和谐共处，是城市的使命所在。在低调与高调之间，城市的发展要敢于借用差异化、非常规手段和策略，形成核心竞争力。尤其是那些受交通条件限制、经济基础薄弱的城市，更应该致力于发挥本地特色，做深做透做足优势资源的文章，汇聚成强大的文化力量，形成差异化的城市发展建设模式，打造城市个性品牌。

贵州省前省委书记、现任中央政治局委员、中央书记处书记栗战书，曾经在第六届贵州旅游产业发展大会上说："其实，旅游能不能做大做强，决定性因素不是经济总量的大小，而是你有没有吸引人们眼球和激发人们感受欲望的东西。无论你是贫穷落后，还是发达繁荣，只要具有上述特质的东西存在，都会给外来旅游者带来不同的感官和精神体验，差异越大，体验就越深刻，带来的消费满足和内心满足就越有价值，由此形成的产业财富就越多。"这段话的深意不仅仅是在谈旅游发展的差异化，更是在创新探索贵州发展的途径和模式。他在寻找撬动贵州经济又好又快发展的城市驱动力。这个城市驱动力就是生态文明！

贵州用生态文明的差异化城市竞争战略，把曾经贫穷落后的边域疆土，烹饪成了一道区域经济发展的世界大餐，呈现在世人面前。早在2007年，贵阳市就启动了建设生态文明城市的系统工程。同年11月，我国首个环保法庭——贵州省贵阳市中级人民法院环境保护审判庭和清镇市人民法院生态保护庭同时成立；2009年，国内首部促进生态文明建设的地方性法规——《贵阳市促进生态文明建设条例》出台；2010年，贵阳环境能源交易所成立；2012年，国家发改委批复《贵阳建设全国生态文明示范城市规划（2012—2020年）》；2013年，由贵州省政府、国家旅游局和世界旅游组织联合编制的《贵州生态文化旅游创新区产业发展规划（2012—2020年）》正式印发实施。同年，已连续举办4届的生态文明贵阳会议升格为生态文明贵阳国际论坛。该论坛是经国家批准目前国内唯一聚焦生态文明建设的国家级国际性高端论坛；2014年6月，国家发展改革委、财政部、国土资源部、水利部、农业部、国家林业局六部门联合下发通知，批准《贵州省生态文明先行示范区建设实施方案》；2014年7月，《贵州省生态文明建设促进条例》正式实施。这是我国首部省级生态文明建设地方性法规。在这之中，《贵州生态文化旅游创新区产业发展规划（2012—2020年）》和生态文明贵阳国际论坛尤其值得一提。

《贵州生态文化旅游创新区产业发展规划（2012—2020年）》（以下简称《规划》），是为贯彻落实国务院〔2012〕2号文件把贵州加快建成"文化旅游发展创新区"的战略定位而编制的。《规划》明确了贵州未来8年旅游产业发展的战略方向和实施路径，引领全省旅游发展顶层设计。提出建设"国家公园省"总体定位，明确国家公园省的要素支撑体系和生产力布局，确定了"国家公园省·多彩贵州风"品牌营销宣传口号。提出"一个旅游中心、六条旅游走廊、七大旅游区及八个枢纽节点"的"1678"基本格局。实施创新引领、精品发展、项目带动和国际品质四大战略，按照全域统筹、"四化"融合发展、圈层保护开发、快进漫游深度体验的发展模式，重点打造以观光旅游为基础，文化体验、生态养生为特色，休闲度假为重点，专项旅游为延伸的旅游产品体系。这个规划突破了传统旅游规划内涵和体例，提出了以旅游引领城建、交通、文化、生态、农业等多领域多行业的建设项目，涵盖旅游交通、旅游城镇、旅游景区、酒店、康体养生、山地户外休闲、自驾车营地等内容。贵州省将这些项目作为建设重点，开创出一条"保护一方山水，传承一方文化，促进一方经济，造福一方百姓，推动一方发展"的旅游转型升级、后发赶超之路。

"国家公园省"这个大气磅礴的总体定位，把贵州带入了世界旅游目的地行列。通过生态文化旅游创新发展带动城镇化发展，是贵州实施差异化战略形成核心竞争力的成长路径。贵州这几年的快速发展完全得益于生态环境和生态文明创建的成果。

而生态文明贵阳国际论坛又是贵州在国家层面和世界面前华丽亮相的又一中国创举。贵州通过此论坛向中国、向世界阐述了一个新的经济社会发展模式：坚持在发展中保护、在保护中发展，健全生态文明体制机制，把良好生态环境作为公共产品向全民提供，坚持绿色发展，树立保护生态环境就是保护生产力、改善生态环境就是发展生产力的理念，尊重自然、顺应自然、保护自然，走出了一条适合贵州生产发展、生活富裕、生态良好的文明发展道路。

从生态文明贵阳国际论坛可以看出，贵州在国家的支持下举全省之力推进的生态文明建设，其核心就是生态人文的放大与利用，为贵州带来了巨大的产业财富，也让贵州完成了从俯卧到站立的完整动作过程。贵州通过生态文明的发展，拉动了生态产业、旅游产业、文化产业、现代农业、新型工业、现代服务业及关联产业的融合发展，推动了产业转型升级和提质增效，加快了新型城镇化建设进程，强化了城乡基础设施建设和完善，实现了社会和谐稳定。

同时，贵州通过利用生态优势发挥自己的积极性，借机解决城市发展中的经济失衡矛盾，把每个个体在发展中对城市形成的冲击予以缓和，并利用其力量去解决城市建设中的一道道难题。贵州，因生态文明而精彩。

第二章　城市人文价值的站立

从"俯卧"到"站立",是真正创造城市人文价值的开始。在城镇化进程中,城市能够有所作为,积极参与到中国经济大竞争的环境中,就会引领一座城市的人文价值,提升一座城市的文化品格。在实践当中,一个城市的人文价值取决于是否汲取和利用历史传统文化,取决于在城市建设与改造中坚持城市主题文化建设,取决于基于城市主元文化的城市品牌。

第一节　站立是抬头做事的竞争主张

> 天下难事,必作于易;天下大事,必作于细。是以圣人终不为大,故能成其大。
>
> ——《道德经·第六十三章》

《道德经》中这段话的意思是,天下的难事都是从容易的时候发展起来的,天下的大事都是从细小的地方一步步形成的。因此圣人始终不直接去做大事，所以能够成就大的功业。老子的这个观点，对于当下的城镇化建设具有一定的指导意义。

站立与俯卧是城镇化建设的两种"姿态"，站立就是抬头做事，俯卧就是俯身蓄势。相对而言，站立是城镇化进程中抬头做事的竞争主张，尤其是在"新常态"的形势下，城市更需要有所作为，积极参与到中国经济大竞争的环境中。在这个过程中，传承城市文脉、张扬城市个性，是城市站立、参与竞争的两个重要方面。

所谓文脉，更多的应理解为文化上的脉络、文化的承启关系。城市文脉是一个城市诞生和演进过程中形成的生活方式以及不同阶段留存下的历史印记。文脉是城市特质的组成部分，是城市彼此区分的重要标志。文脉是一个城市的根，是城市的灵魂，有往日发展积累的宝贵经验，也有未来发展的前进方向。文脉不是僵死的标本，不是若干片被保护的历史街区，更不是那几栋历史建筑，它是活的，像生命一样在吐故纳新。文脉的真正载体是生活，所有的历史遗迹不过是它的寄存之所，所以只要生活继续，文脉就能流传。但城市文脉需要被充分理解、尊重、梳理、利用、改造，才能得以更好地传承，从而实现它的最大价值。

保护城市文脉并非一定要保护城市的历史街区，如何继承和发扬城市精神才是最重要的。城市文脉的保护不能局限在一城之中，它还需要大系统的支持，城市不能成为文脉孤岛。对于中国来说，建立村、镇两级的文脉保护体制，将会有效支持城市文脉的继承和发扬。也就是说，城市文脉应该纳入城、镇、村三级文脉保护体系之中。根据城、镇、村的不同特点，承担文脉保护的不同任务。

对于大城市来说，经济发展的压力巨大，旧城保护难度很大，而且现在中国大城市旧城存留完整的几乎没有，因此应该将重点放在继承文脉、改造旧城、打造新城上。对于小城市和集镇来说，要完整保护传统街区，重点保证传统街区内生活方式的合理延续。对于传统村落来说，与自然的和谐共生是它最大的价值，因此需要保护的不仅仅是村落自身，还有其周边环境。

完整的传统小城镇和传统村落不但可以为我们保存下传统生活方式，而且还可以为大城市继承发扬文脉提供良好的借鉴和滋养。这是因为，传统的不一定落后，乡土的不一定要淘汰，它们很可能带有让我们生活更加幸福、社会更加和谐的密码。所以，破解它们、利用它们，创造中国人自己的城市形态和现代生活方式，才是保护文脉、发扬文脉的终极目标。

张扬城市个性，是当前个性时代的大势所趋。但有一点不能走偏，那就是这种个性必须是一种"文化个性"，而不是其他。只有文化的个性才是隽永的个性，才是余韵悠长的个性，才是历久弥新的个性。对于有着五千年文化底蕴的华夏大地来说，每个城市都有自己的个性，都有自己的生活方式和引导这种生活方式的文化基因，无须植入，自然而生动。这里不妨以文学语言简单描述几座城市的个性特征：

大连最男性。当许多城市煞费苦心地设计自己的城市标志物的时候，大连人毫不犹豫地选择了足球，随着大大小小的足球在这座城市的广场、公园被竖起来，这个城市的男子汉的魅力也被张扬到了一种无以复加的程度。

杭州最女性。提起杭州，我们首先想到的是女人，如西施、白娘子、苏小小、冯小青。这个城市的性格的确是因为女人而成就，而一个西湖更是占据了这个城市温柔的全部。平湖秋月是女人的含情脉脉，苏堤春晓是女人的妩媚动人，曲院风荷是女人的风姿绰约，柳浪闻莺是女人的娇声嗲气。

南京最伤感。虽然南京有马达轰鸣的巨型工厂、昼夜繁忙的空港车站、五彩缤纷的街市霓虹、行色匆匆的人流车流，但是南京留在人们脑海中的气质却仍是那么有历史而又感伤的。

苏州最精致。苏州是一座精致的城市，既有精致的历史，也有精致的建筑，更有精致的文化。水乡中的古城处处流露"小桥流水人家"的精致意境，园林建筑更是优雅大方地体现了精致色彩，拙政园和留园是苏州众多园林中的精粹，位列中国四大名园之中。

武汉最市民。武汉人把那些冒充的、次等的东西叫作水货，其实从很多方面看，他们是喜欢水货的。武汉扫不尽的地摊，透露了它的市民色彩，抹不掉一个区域性的大集市本色。

成都最悠闲。在成都人当中很难找到"工作狂"，他们宁肯少赚钱甚至不赚钱也要玩。如果你一定要他们工作，最后他们也是把工作变成玩。成都把生活方式和生活内容定位为悠闲，这是一种品质生活态度，透露出一股骨子里的舒服劲儿。

重庆最火爆。重庆人生活中不能缺少的不是美女，也不是物质，而是麻与辣交融的火锅，火锅成为这个城的味道。不管是因为气候还是热辣的生活方式，我们看得见的是，沸腾的经济中有花椒的贡献。

拉萨最神秘。寺庙在其他城市大都是一种单纯的观光景点，但在拉萨，它们却是藏民生活和生命的一部分，神圣而且神秘。信仰的坚持与坚忍值得每个城市每个人学习，中国人的信仰正在被太阳的紫外线毒杀殆尽，这是一种危险的信号。

深圳最欲望。深圳人的工作很累，节奏很快，但也玩得疯狂。人生何求？深圳人的幸福和快乐一点也不抽象，都是基于实实在在的物质体验，基于东西方文化碰撞后的创新博弈。

珠海最浪漫。情人路把珠海这座城市以及它的设计者们的那些超越于世俗功利目的的浪漫主义气质，表现得淋漓尽致。

西安最古朴。西安的历任市长也有同感：我们建设西安实在不易，周恩来总理曾有过指示，西安只能动一步看一步，看一步动一步，古朴得让人无从下手去改造。

厦门最温馨。厦门人无论是在建设自己的城市，还是在运营自己的城市时，态度都十分自在、自如、自然，就像是在装修和打扫自己的小家，这种从容乃至安详，无疑来自对自己城市的"家园之感"。

香港最辛苦。尽管城市物质给予得十分丰富，但香港人永远觉得贫乏、欠缺和不安，这注定了你不拿出十二万分的精力出来拼搏，你就会被这个城市淹没，你就会失去尊严。

昆明最美丽。昆明处处是春天，被誉为"无处不飞花"的"春城"。习惯了昆明春城的温暖气候与慢生活后，你就走不出这方闲适的土地，因为她给予你的不是城市的豪华与体验的惊险，而是你心中最润软的渴望与情感的涓涓细流。

贵阳最爽朗。贵阳像一个缩小版的山水盆景城市，点缀在中国边陲的西南角，在青山绿水的围裹中，不失精致与优雅。每时每刻从容地展现着自己得天独厚的气候特征，享受着巨大的天然空调。爽爽的贵阳。

……

正如只有民族的才是世界的一样，只有当地的才是全国的。信息发达到世界被喻为地球村的今天，城市的个性是经济之外的另一种竞争力，这种竞争力是国家软实力的形象表达，其重要性不容忽视。城市的形象、城市的个性犹如电脑网页上的一个子功能、一个识别码，它必须不断开发更新，才能迎接无可估量的挑战。而古今中外的无数历史证明，当大浪淘沙之后，一座城市能留给后人以延续、以感念、以铭记的，绝不是拍脑袋之下的神来之笔，而是抛开喧嚣和浮躁所打造出来的城市个性！

第二节　传统文化的 "引体向上"

> 阿爷无大儿，木兰无长兄，愿为市鞍马，从此替爷征。东市买骏马，西市买鞍鞯，南市买辔头，北市买长鞭。旦辞爷娘去，暮宿黄河边，不闻爷娘唤女声，但闻黄河流水鸣溅溅。
>
> ——《木兰诗》

《木兰诗》是一首北魏时期的民歌，讲述了一个叫木兰的女孩，女扮男装，替父从军的故事。北魏时期，都城洛阳城内市场很多，从木兰姑娘 "东市买骏马，西市买鞍鞯，南市买辔头，北市买长鞭"，可见当时洛阳的商品种类繁多。

其实，古今中外城市的形成，无论多么复杂，都不外乎两种形式：

因"城"而"市"和因"市"而"城",即先有城后有市和先有市后有城的形成。在这里,我们不妨大致展示一下中国古代城市工商业发展的概貌。

夏商西周的都城是全国政治、交通中心,都城有城门供居民出入,城内有整齐宽广的街道。春秋战国时期的封建城市一般都是封建诸侯国的政治中心,这些都城一般商业兴盛,交换的商品大多数都是贵族地主用的奢侈品。西汉的商业呈现出空前的繁荣局面,城市都设有专供贸易的"市",如长安有东、西九市。市内商肆按行业排列,整齐有序。北魏时期,不仅洛阳城内当铺林立,而且荆州、扬州、益州的一些城镇,商贸活动都较为兴盛。到了隋唐时期,长安和洛阳是全国的政治和文化中心,也是全国的商业大都会。其中,长安城是当时世界上最大的城市。长安城内有坊、有市,坊是住宅区,市是商业区,市坊分开。市有两个,东市有"二百二十行,四面立邸,四方珍奇,皆所积集"。北宋的东京(今开封),商业繁荣,店铺林立,突破了唐代"市"的限制,出现了娱乐场所"瓦子",成为当时最大的商业都会。北宋时期还发明了世界上最早的纸币"交子",反映了东京封建经济在唐朝基础上继续发展。元大都(今北京)是政治文化中心,也是国际性的商业大都会,明清时期商业继续繁荣。

从上可知,中国古代城市是经过漫长岁月的沉淀形成的,在这个过程中所积淀的历史传统文化构成了由古至今的城、市、产、人的核心和灵魂。这种历史积淀,对当今的城镇化建设具有重大意义。"传统文化的引体向上"这样一个命题,就是要破解城市文化个性的发展难题,强调文化的传承与创新——从历史传统文化中寻找城市文化特征，并将其神韵融入到城市设计的每一个整体和细节处理之中，通过传统文化的符号，构建城市空间的和谐，表达城市的文化形态，进而促进城市经济的发展。

引体向上，是一种自身力量克服自身重力的悬垂力量练习，反映了肌肉力量的发展水平。城市文化的"引体向上"，是汲取和利用历史传统文化，丰富城市内涵，提升城市品位，塑造城市形象，增强城市竞争力的重要手段。这是因为：

第一，历史传统文化是城市发展的重要资源。文化被誉为"经济发展的原动力"，是促进城市经济、社会均衡和谐发展的重要力量。例如，西安、杭州、苏州等国内历史文化资源比较丰富的城市，也是经济社会相对比较发达的城市，历史传统文化功不可没。比如意大利以古罗马、佛罗伦萨、威尼斯、庞贝古城等历史文化为基础发展旅游业，成为意大利政府重要的经济来源，其旅游人数接近该国总人口的一半，旅游收入占该国财政 1/3 以上。第二，城市是传承历史传统文化的重要力量。从城市发展史来看，城市一直是历史传统文化的重要传承者。比如罗马、雅典、巴黎和伦敦等城市的建设，就很好地体现了其民族的历史传统文化。

城市文化的"引体向上"，需要弘扬历史传统文化，需要注重传统文化的修为。为此，跨界、融合与创新，乃是其重要途径和措施。

所谓跨界，就是大世界大眼光，多角度多视野地看待问题和提出解决方案的一种思维方式。对城市建设而言，就是通过跨界思维冲撞，探讨新业态、新策略、新定位，打造城市品牌价值。跨界不是简单地扩张，具体体现为一种文化的融合。一座城市只有通过跨界经营，才能在整合内外文化资源的过程中实现文化融合，这是城市"引体向上"的重要路径。

走跨界融合的文化产业发展道路，必须打破与经济欠发达相伴而生的固有思维定式，彰显文化对大幅提升产业附加值的根本性作用，树立产业文化理念，打造涉及周边的庞大产业链。在这方面，河北平泉作为一个欠发达的山区县，以优势产业为依托，促进文化产业与其他产业的有机融合，通过跨界融合构筑新的产业发展业态，走出一条欠发达地区文化产业发展的新路。比如，平泉县在城市建设中注入文化元素，精心设计建设了契丹文化主题公园、市民中心广场等标志性建筑，实现了城市文化品牌的彰显和城市文脉的延续传承，有效提高了城市的知名度和美誉度。

创新是城市文化"引体向上"的终极手段。把文化资源优势转化为产业优势，让历史文化"活"起来，让文化软实力"硬"起来，才能实现经济与文化融合互动、文化与旅游互动融合、文化与城市互动融合。

作为我国首批历史文化名城的承德，有众多的历史古迹，其中最具特色的是避暑山庄及周围寺庙，其所蕴含的"和合"思想，是承德文化的"根"与"魂"，是最响亮的"金字招牌"，更是休闲旅游的魅力之源。近年来，为彰显"避暑山庄、和合承德"的核心理念，保护文化根脉，擦亮"金字招牌"，承德市坚持文化的传承与创新，强力推进文化遗产保护与民族文化的发展，重点实施避暑山庄及周围寺庙文化遗产文物保护工程，迁出行政事业企业单位76个，彻底搬迁山庄外庙周围的5个行政村和5个社区，拆除各类非历史文物建筑130万平方米，恢复相关的水系环境和历史风貌景观。用文化为旅游业加分，更让承德人看到了"文化效益"的前景。

第三节 健康心智的禀赋气质

子胥乃使相土尝水，象天法地，造筑大城。

——《吴越春秋·阖闾内传》

公元前 514 年，吴王阖闾命大臣伍子胥在吴（今苏州古城区）设计建造吴都阖闾城。伍子胥在这里了解土质和水情，即"相土尝水"，观天象和看风水，即"象天法地"，最后建造成阖闾大城。此后作为吴国都城的时间长达 110 年左右，其规模位置迄今基本未变，为世界罕见。有历史学家认为苏州是中国现存的最古老的城市。引文中提到的"象天法地"，是中国先秦时期城市建设的主要规划思想之一。象天法地在环境方面格外重视人工环境与天然自然环境的和谐统一，其宗旨是勘察自然、顺应自然，又节制地利用和改造自然，选择和创造出适合与人的身心健康及其行为需求的最佳建筑环境，使其达到阴阳之和、天人之和、身心之和的完美境界。

象天法地源于中国古代"天人合一"的思想。古人认为，天人相类、相同，因而天人相通，并且有意象之中的通天的神秘之处昆仑山，有通天的神木"建木"，所以中国古代建筑城市特别讲究城市中心和中轴线，城市周圈则建成象征天上的青龙、白虎、朱雀、玄武四象环绕的模式，其根本目的就在于占据通天通神的这个神秘之处，以便与天沟通，达到知天之恋、得天之命、循天之道、邀天之福的目的。

随着社会的发展，祖先保护生态的理念得以逐步丰富与完善，如今已经形成极具人文主义精神的城市健康心智与禀赋气质。而基于人文主义精神的城市健康心智与禀赋气质，只有在城市建设与改造中坚持主题文化，才能彰显其人文魅力，才能最终形成城市与市民的健康心智与品牌竞争力。

所谓城市主题文化，就是根据城市特质资源形成的特质化来构建城市主题空间形态，并围绕这一主题空间形态来发展城市、建设城市的一种文化策略。健康的城市主题文化主要体现在 4 个方面：市民素养、生态文明、运行机制和公共服务保障。

市民素养是塑造城市形象的载体。市民作为城市发展与文明进步的能动力量，是城市文明的创造者和体现者。城市形象是市民素养、精神追求和行为方式的有机整合。市民素养不仅体现在城市精神、城市文化等精神层面上，同时也体现在城市建筑、城市环境等有形景观之中。不管是作为城市的"形"的外在景观，还是作为城市的"神"的内在要素，无不体现市民的精神追求和文化品位。

呼和浩特市人民政府为扎实推进文明城市创建工作，进一步提升市民素质和城市文明程度，大力培育社会主义文明风尚。2013 年出台的《创建全国文明城市提升市民文明素质实施方案》，其中的"实施文明素养培育工程"包括 3 个方面的内容：

一是提高市民科学文化素质。引导市民崇尚科学文明、反对愚昧迷信、抵制歪理邪说，形成积极向上的良好的社会风尚习惯；强化资源节约、生态保护、应急避险、健康生活、合理消费等意识，在全社会倡导科学、文明、健康的生活方式和工作方式。

二是提高市民身心健康素质。深入推动面向市民的"全民健身工程"，加强体育活动和体育设施建设，鼓励全市非公共场馆对外开放，健全各级各类全民健身组织，增加建设晨晚练体育活动点的数量，安排社会体育指导员指导市民进行健身活动。

三是提高市民法律法规素质。发挥司法部门、律师队伍的作用，开展面向市民的法律法规常识的普及教育，使市民了解与自己工作和生活相关的法律法规，懂得公民的权利和义务，依法办事，依法维护自身的合法权益，以理性合法的方式表达利益诉求，不断增强遵纪守法意识和民主法制观念。综合运用行政、教育、舆论、法律等手段，约束和制止不文明行为，养成良好的行为习惯，促使社会不良风气和陋习得以转变。

浙江省努力学习一切可以学习的经验做法，立足省情实际，坚持把生态文明建设的理念、原则、目标等深刻融入、全面贯穿到经济、政治、文化、社会建设的各方面、全过程，着力推进绿色发展、循环发展、低碳发展，为人民创造良好的生产生活环境。其中的重要举措之一，就是通过"'美丽乡村'行动"大力塑造农村生态。

从 2011 年开始，浙江省委、省政府推出"美丽乡村"行动计划，以一揽子行动，努力在农村实现"规划科学布局美、村容整治环境美、创业增收生活美、乡风文明素质美"的"四美"要求。在桐庐江南镇环溪村、桐庐横村镇阳山畈村、安吉横山坞村等地，整洁的村容、美丽的风景，成为它们的共性特征。这些"美丽乡村"试点村庄，不仅改善了表面的环境，对农村的生活污水、生活垃圾也设计了因地制宜的解决方案。比如在环溪村，有一个藏在花草丛中的生活污水处理池，标志牌上清晰地标明"纳管81户、370人"，同时还注明了施工人员和管理人员的姓名和手机号。在其一侧，还有一个透明的污水处理模型，这是一个无动力的污水处理系统，全透明的设置，目的是让村民看得到内部的构造，看得清处理的结果，从而获得村民理解和支持。由于环境优美，这些美丽乡村至 2012 年年底都已成为长三角"乡村游"的热点。

运行机制是城市主题文化建设的前提，也是当前城市管理工作中的一个十分重要而迫切的现实问题。从实践经验来看，应该采取建立新型社区组织和社区管理体制、大力拓展社区服务、着力发展社区卫生、努力繁荣社区文化、美化社区环境、加强社区硬环境建设和管理、加强社区治安、创建文明社区等措施。事实上，这些积极主动、行之有效的工作，也是今后建立健全运行机制所必需的。

公共服务保障是城市主题文化必不可少的内容之一。加强城市社区文化基础设施建设，保障市民享受公共文化服务权利，有利于提高公民综合文化素养，推进城市主题文化建设。

具体的公共服务保障措施主要包括 4 个方面：一是加强公共文化建设的组织领导。建立健全"党委统一领导、党政齐抓共管、宣传部门组织协调、有关部门分工负责、社会力量积极参与"的工作体制和工作格局，在各自职责范围内做好相关的公共文化服务工作，形成全社会推动公共文化服务体系建设的强大合力。二是健全公共文化经费保障。完善以政府为主导的公共文化经费投入机制。三是建立文化人才队伍保障机制。不断改善基层文化队伍现状，积极培育、提高和发展人才队伍素质。四是完善公共文化建设考评体系。采取政府组织、专家参与的方式，定期进行公共文化服务体系建设评估考评，把公共文化建设的绩效评价提升到制度层面，纳入到政府工作目标责任制考核体系中。

总之，城市的健康心智、城市的禀赋与气质，只有通过培育市民素养、加强生态文明建设、建立健全运行机制、采取公共服务保障具体措施，才能形成健康的城市主题文化，才能打造出城市的核心竞争力。

第四节　主元文化的品牌气场

吾善养吾浩然之气。

——《孟子》

孟子是战国时期儒家代表人物之一，被后世称为"亚圣"。他所说的"浩然之气"，相当于现代人所提倡的"气场"。气场是指一个人的精、气、神，即一个人的精神状态。它是我们独一无二的精神名片，是每个人都拥有的能量场。

事实上，天地万物都有气场，一座城市也不例外。一个城市只要还有江河湖泊就有了空灵剔透的气场，比如杭州有"淡妆浓抹总相宜"的西湖；一个城市只要尚存著名古迹就有了历史文化的气场，比如南昌有"秋水共长天一色"的滕王阁，等等。由此可见，只有文化基因才能打造出城市的气场。正如当代著名作家、民间艺术工作者冯骥才所言："在发展城市时，要找到自己独特的文化特征，找到支撑文化特色的基本板块。从原有的城市特色发展城市文化，不能失去传统的脉络，更不能失去文化的基因。"

每一个城市都应该有自己的主元文化，也就是主流文化。一座城市只要致力于培育普世价值的主元文化，树立城市形象，就会形成品牌，形成气场。在这方面，湖北襄阳市和天津市堪称两个范例。

2012 年年初，湖北襄阳市推出"双千计划"人才工程，计划 5 年内面向全国公开选拔 1000 名博士和硕士，招录 1000 名公务员。博士到基层挂职一年合格即可任副县级职务，硕士到基层挂职一年合格即可任正科级职务。在很多地方引进博士任正科、硕士任副科的背景下，襄阳大胆突破，为当地带来了人才奇观。襄阳大力推进的招贤引才机制，形成了前所未有的"襄阳气场"，成为这座城市创新驱动发展的新引擎。

襄阳古为诸葛亮隐居之地，"三顾茅庐""隆中对"等故事古今闻名。早在 2009 年，为助推地方产业发展，襄阳市推出"隆中人才支持计划"：只要是"创新创业高层次人才和团队"，不管是政府机关还是企事业单位，符合条件的引进者都可获政府支持，单个技术或项目最高可获支持资金 700 万元。"双千计划"和"隆中对人才支持计划"是襄阳招贤纳才的两大品牌。襄阳人都是"双品牌"的义务宣传员，到外地考察或出国访问，推广"双品牌"是必做的功课。

天津市是 2014 年 10 月揭晓的"2014 中国最具幸福感城市暨中国最具文化软实力调查获奖城市"入选城市，此次系列榜单中还有北京、重庆、成都、南京、西安、珠海等城市，而天津市荣获"2014 中国最具幸福感城市"和"中国最具文化软实力城市"两项大奖，是四大直辖市中唯一获得双奖的城市。这一荣誉，来源于《美丽天津建设纲要》的规划与实施。

天津市的"美丽天津建设纲要"包括 5 项规划内容：①"绿化工程"的目标是建成 7 个郊野公园，改造提升外环线绿化带，建设天津动物园、植物园，规划建设西营门至柳林 25 千米绿色生态走廊。②"净化工程"的目标是继续实施供热改燃并网工程，中心城区、滨海新区核心区基本实现供热无燃煤化。2015 年前全面供应国 V 车用汽、柴油，实施国 V 机动车排放标准，推广使用燃料乙醇汽油，全部淘汰"黄标车"。③"路网建设"的目标是实现中心城区与滨海新区核心区之间高速铁路公交化，启动建设蓟港市域快速铁路工程。建成京秦、塘承二期、唐廊一期、蓟汕联络线、滨石、津港二期等高速公路工程，改造京津塘、津沧、津保高速公路。建成地铁 5、6 号线及1、2、3 号延伸线。④"公用设施"的目标是实现南水北调中线通水，推进供水旧管网改造，建设海水淡化输送工程，提高城市供水能力。完善城市排水系统，排水管网覆盖率提高到 90%，基本解决中心城区积水问题。⑤"交通环境"的目标是应对日益严重的交通拥堵趋势，适时考虑采取限购、限行等办法，控制机动车数量过快增长，加强停车库、停车楼建设，减少和规范道路停车。

在《美丽天津建设纲要》的指导下，天津着眼于转方式调结构，既保持了合理的增速，又不断提高发展的质量，不断加大改善民生的力度，百姓的幸福指数日益提高；同时，以其深厚的历史文化内涵、独特的城市文化魅力、强大的文化传播力和日益提升的城市形象，成为中国城市文化形象的优秀代表。

气场，作为宇宙万物的一种能量场，不但具有积极的正能量，也蕴含着消极的负能量。注重主元文化建设的城市会集聚并爆发正能量，从而成功构筑自己的品牌气场；相反，忽视主元文化的城市则无从构筑品牌气场，而且还很容易被负能量吸去自身原有的正能量，陷入城市历史传统文化建设的困境。

冯骥才在谈到"中国城市气质塑造"时说："近年来，我国城市有非常迅猛的发展，但是也有不可挽回的损失，'千城一面'失去了文化个性，失去了自己独有的文化灵魂，破坏了文化的多样性。"诚如冯骥才所言，房地产开发商掠夺式开发土地资源，高楼林立，"湖景房""海景房"等景观房经常成为楼盘的一个"卖点"。凡是能近水、近海的楼盘，都有巨大的增值空间，价格会相应高出很多，以至于一些历史文化名胜古迹成为牺牲品，有的倒在推土机下，有的被迫"减肥瘦身"。在高楼大厦的侵蚀下，湖泊变成了"城市洗脚盆"、古典建筑成了堆积废弃物的垃圾、绿草如茵的古代园林因"圈地"而荒芜……破坏名胜的另一个原因是地方急于发展，财力欠缺，各种能力有限，快速发展带来粗糙的思想和建筑。一些历史名胜景区是完整的，但开发商在边上"贴烧饼"，破坏了景观，凸显出城建规划之乱和保护意识的淡漠。

无气场，不品牌！城市要有自己的主元文化，要给历史名胜一点"生存空间"，不要让"城建败笔"层出不穷！

第五节　多元价值的精神内涵

> 天下何思何虑？天下同归而殊途，一致而百虑。
>
> ——《周易·系辞下》

《易经》是中国古代哲学著作，是古代民族思想、智慧的结晶，被誉为"群经之首""大道之源"，是古代帝王之学，政治家、军事家、商家的必修之术。"天下何思何虑？天下同归而殊途，一致而百虑。"它透露出作者在先秦时期学术整合大趋势的特定背景之下，试图弥纶天地之道、包容百家学说的信息，反映了中华民族古已有之的囊括万物的包容情怀。

中国传统文化是一种善于取长补短、包容性非常强的文化，它愿意接纳世界上的优秀文化元素。正是这种海纳百川的包容，维系了中华文化脉络绵延不绝，它所哺育出来的民族精神生生不息。

包容不仅是中华民族的传统美德，也是城市发展的内生动力源泉。古往今来，城市都是一个文化大熔炉，在人文主义价值这个主元文化的平台和空间里，各种文化元素济济一堂、千姿百态、百花齐放，共同组成了惊叹世界的文化大观园，造就了中国仪态万千的城市风韵。而能否容纳足够的移民，不仅考验一个城市的开放度和包容度，更是其强大的社会自我更新能力的体现。长江日报传媒集团主管的《投资时报》曾经隆重推出"中国城市竞争力排行榜"系列之二——"2013 中国 50 个重点城市包容度排名"。结果显示，东莞、深圳、佛山、厦门、上海、苏州、北京、广州、天津、珠海成为 2013 年中国最具包容性的十大城市。

以北京为例。有着 3000 多年建城史和 857 年建都史的北京，历史上曾经是世界上最繁荣、最发达、最辉煌的城市之一。这里荟萃了自元明清以来中华文化的精华，拥有为数众多、辉煌灿烂的人文景观。在 2005 年国务院批准的《北京市城市总体规划》中，北京被定位为"国家首都、国际城市、文化名城、宜居城市"。如今在北京，各式各样的文化竞相生长，孕育出了一种独特的、让人自信、舒展、有归属感的世界文化，不仅是给北京的市民，也是给新移民的，还是给各国来到北京的人的。这种自由舒展的文化包容性，正是北京的特色之一。

城市包容多元文化价值与弘扬主元文化并不矛盾，这一观点在世界范围内同样成立。目前公认的比较著名的国际文化大都市有纽约、伦敦和东京等，它们在全球经济、政治、文化事务中都具有重要的影响。

纽约拥有众多的具有世界影响力的媒体、软件、娱乐等产业，具有多元文化的包容性，是辐射全球的媒体和娱乐产业中心之一。纽约市800万人口中，在国外出生的占35.9%，纽约市民使用的语言多达121种。纽约文化的多样性，使得来自世界各地的人们在纽约很容易产生归属感，既能自如地融入城市文化，同时又可以保留自己民族的文化传统与习俗。多种族、多文化、多阶层共存，成为纽约文化融合和文化创新的不竭动力和源泉。

伦敦确立了建设欧洲乃至世界文化之都的目标，在扶持音乐、媒体、广告、娱乐、影视、设计等企业的成效方面，尤为令世界瞩目。伦敦也是世界上最具种族多样性、文化多样性的国际大都市，目前在伦敦的800万人口中，海外族裔超过200万人，使用着300种语言。同时，伦敦具有包容性的优越服务体系，多年被评为全球最佳商务城市，使得越来越多的移民在这里获得了文化创造和文化消费空间。

东京是亚洲乃至世界最集中的出版、印刷、动漫、游戏产业中心之一，创造能力活跃，是世界级的文化消费市场。特别是把出版、印刷、包装等产业作为"第一制造业"，把文化内容和数字化视听设备的开发结合起来，在版权开发、文化产业链的上游占有明显的竞争优势。东京不仅是当代亚洲流行文化的传播中心，也是世界时尚与设计产业的重要城市。

总之，我们处于一个多元的时代，文化多元共存，经济多元发展，多元背后意味着差异，城乡差异、区域差异、代际差异。在城镇化浪潮的席卷下，中国要实现包容性增长，不仅是政府决策层、城市规划师们的责任和使命，同样也是每一位置身城市中的人应该关注和思考的。

第二部分

人文价值为主导的核心智库

第三章　核心智库真相

　　智库的主要任务是提供咨询，反馈信息，进行诊断，预测未来。在中国当前城镇化建设过程中，创建以人文主义价值为主导的核心智库，其真正意义在于以人为本的党政决策评估和解决方案，在于积极为顶层设计提供调查研究、政策分析、战略思考、改革设计、决策咨询等全方位的智力服务。

第一节　核心智库定义解读

　　国以任贤使能而兴，弃贤专己而衰。此二者必然之势，古今之通义，流俗所共知耳。

——王安石《兴贤》

　　《兴贤》是北宋著名的思想家、政治家、文学家、改革家王安石为变法改革而写的文章。从古到今，贤明而有眼光的统治者深知"任使得人，天下自治"的道理，因此广泛识求贤才，对谋士爱若瑰宝，十分看重智囊在政治中所发挥的巨大作用。王安石在《兴贤》中强调国家只有任贤使能才能兴旺发达，如果弃贤专己就会衰亡。

古代的"任贤使能"，相当于人们现在所说的智库建设。什么是"智库"呢？英文为"Think Tank"，该词是美国人的发明，最早出现在第二次世界大战时期，是个纯军事术语，用以指称战争期间美军和文职专家制订战略计划及其他军事战略的保密室，类似所谓作战参谋部。第二次世界大战后的1967年6月，"智库"首次出现在《纽约时报》刊载的一组介绍兰德公司等机构的文章中，有人也把它称为"思想库""脑库"或者"智囊团"，并被用于军工企业中的研究与发展部署。

关于智库概念的定义，国内外学者大都从本国智库建设角度和实际出发，有着不同的经济贡献值，在这之中有4个被学者们普遍认可的共性，即：独立性、非营利性、现实性和政治性，具体到不同的国家，其特点又有所差异。在我国，对于智库的定义，在借鉴西方经验的同时，应充分考虑到我国特殊的政治体制和经济、社会环境。我国智库主要是一个具有中国特色的广泛的概念，是指以从事多学科研究为依托、以对公共政策施加影响为目的、以提供思想支持为基本方式的非营利性组织、团体和机构。

对于发达国家而言，智库聚集相关学科的专家学者，运用他们的智慧和才能，为社会某领域的发展提供满意方案或优化方案。一般来说，智库的主要任务是提供咨询，为决策者献计献策，判断运筹，提出各种设计；反馈信息，对实施方案追踪调查研究，把运行结果反馈给决策者，便于纠偏；进行诊断，根据研究产生问题的原因，寻找解决问题的症结和出路；预测未来，从不同的角度运用各种方法，提出各种预测方案供决策者选用。有的智库还具有储备、推荐人才的功能。

经过 30 多年的发展，我国的智库逐步形成了"官方智库""半官方智库""大学智库""民间智库""企业智库"五者相互补充、共同发展的局面。与一般的智库相比，核心智库的关键在于"核心"二字：核心智库讲政治、讲党性，从党和人民事业出发，在服务党委、政府决策中发挥辅政参谋的核心作用，在全国全省智库体系中处于核心地位。建设核心智库的核心在"人"：毛泽东说："领导者的责任，归纳起来，主要是出主意、用干部两件事。"邓小平说："我的抓法就是抓头头，抓方针。"我国著名企业家柳传志说："企业管理者要做三件事：搭班子、定战略、带队伍。"这些思想智慧放在核心智库来看，就是智库里的专家、学者、思想家，不但要勤学、多思、深察、善谋，还要比领导具有大胸怀、大格局、大思想、大预见、大战略和大方法，同时还要能带队伍。这样的核心智库，才是高素质的研究型干部队伍，才能拿出高质量的研究成果，真正发挥辅政参谋的核心作用。

我国的城市化水平，预计到 2025 年城市化率将达到 60% 左右，既面临着新一轮的城市发展机遇，同时也面临着非常严峻的挑战。这个挑战就是大城市病和特大城市病，中国一些大城市正在经历这种城市病。就像人生病一样，头痛医头、脚痛医脚，可能很难根治。"城市病"不是一个简单的局部症状，而是一项复杂的系统工程，涉及环保、能源、交通、教育、卫生、人口制度等。系统工程里的每一个环节就像人身体里的每一条经络，经络不通畅就会引发身体疼痛，进而诱发多种可怕的并发症。所以，中医中有"通则不痛，痛则不通"。"城市病"说明城市大量存在各种经络不同，引发城市的痛。因此面向未来，基于现在的发展模式，从战略的高度前瞻性地考虑如何治理和预防，也即中医所说的治未病，是城市肌体健康的保障手段。

在涉及"城市病"此类公共决策议题上，群策群议是不够的，专业、独立的第三方才是必需的。网络民意，社评建言，虽是民主决策的进步，但离形成一个科学的决策尚相去甚远。不要以为人多力量大，人多智慧多，真理不取决于意见数量的多寡，而取决于一套严密的研究逻辑和程序。只有核心智库能干这个事。

核心智库不仅代表着城市软实力中的一种硬实力，某种意义上还代表着一座城市或一个区域的智商。特别是基于政策和舆论的公共需求、市场经济多元利益格局的现实需求、大规模城市化对大策略大思维的未来需求，我们迫切需要"思想工厂""头脑风暴"和"独立思想的盒子"为城市的改革发展、为城市的科学治理提供具有前瞻性和战略性的解决方案，以至于在国外有人将核心智库视为继立法、行政、司法和媒体之后的"第五权力中心"。

城市核心智库作为推进国家城镇化建设的重要力量，既要借鉴其他国家城市建设的优秀经验，更要传承融合中国历史几千年城市发展的智慧，"以史为鉴，古为今用"，创造性地发展中国特色新型城市智库。作为知识密集型组织，城市核心智库的核心竞争力是智力资本。只有切实提高核心智库的制度保障、人才资源和传播能力，城市核心智库才能真正成为城市崛起的动力之源。

第二节　以人文价值为主导的核心智库

> 不谋万世者，不足谋一时；不谋全局者，不足谋一域。
>
> ——陈澹然《寤言二迁都建藩议》

陈澹然是清代光绪年间恩科举人，他的这句话指出了看待问题应有的基本态度：不能为长远利益考虑的，必然不能够做出短期的计划；不能从全局出发想问题，那么在小的方面也不会有所成就。这句话对于当前城镇化建设的借鉴意义在于，如果不能用发展的眼光从长远谋划城镇化建设，不能用全面的视角从全局看城镇化建设，是难以有所建树的。

城市规划建设之"谋一时"者，须在可持续发展之"谋一世"的指导下进行，否则，就容易落入眼光短浅、因小失大的陷阱；而"谋一世"者须从"谋一时"入手，否则，就容易染上眼高手低、虚论空谈的毛病。不知"一世""一时"之理，则虑不深远，计谋不成，当其时而不知生长，意虑不定、心中仿佛；失其时而不知收藏，图一时之利，贸然而为。所谓"大丈夫处其厚而不居其薄"，乃因有远见、能谋能断所然。"谋一世"，乃大意境、大胸怀、全局观。核心智库之"谋一世"，旨在必须用发展的、全面的、联系的辩证眼光看待城市规划与建设问题。至大、至全者，莫过于道，这个"道"就是将人文价值导向贯彻于工作当中。

那么，什么是以人文价值为主导的核心智库呢？我们先来看看国外建城百年以上的几座城市。

英国首都伦敦从中世纪的古城沿革到 19 世纪的伦敦市，进而在 20 世纪发展扩张为大伦敦区，其成为世界城市存在着尤为明显的时代契机和城市人文特征。伦敦是博物馆迷的天堂，林林总总的博物馆有 300 多家。1753 年通过《国会法案》成立的大英博物馆拥有近 200 万件藏品，为到访游客提供终生难忘的体验。博物馆提供导览游服务，游客可以通过导览游了解古埃及历史或者罗马人如何生活。大英博物馆收集了世界各地的众多艺术品，堪称世界之最。伦敦还拥有顶级的美术馆，位于米尔班克的泰特英国美术馆和坐落在班克塞德的泰特现代美术馆收藏了 1500 年至今的精美艺术品。位于特拉法尔加广场北部的著名国家美术馆珍藏了众多 20 世纪初至今来自西欧的杰出艺术品。

展现伦敦人文风情的博物馆和美术馆，最具诱惑人的理由是这些场馆都不收门票。

21 世纪以来作为"世界城市"的伦敦，在人文价值体现上继续强化其商业贸易的领先地位，同时大力发展金融业，成为世界的金融中心。伦敦城市 2011 年 8 月发布了新版伦敦城市战略规划，用于指导伦敦未来 20～25 年的发展，制订了整合的经济、社会、环境和运输框架发展计划，包括城市空间、人口发展、经济发展、环境可持续、交通治理、公共空间、规划实施等。

法国首都巴黎历史悠久，早在地球上尚未存在"法兰西"这个国家，也未曾有今天我们称为"法兰西人"的 2000 多年前，便有了古代巴黎。至 10 世纪末，雨果·卡佩国王在此建造了皇宫。此后又经过了两三个世纪，巴黎的主人换成了菲利浦·奥古斯都，此时的巴黎已发展到塞纳河两岸，其人文景观，如教堂、建筑比比皆是，成为当时西方的政治文化中心。

巴黎之所以是巴黎，之所以"永不沉没"，主要是因为它保存有世界一流的古建筑和藏品丰富的博物馆等人文景观，让人们崇敬和向往。此外，巴黎是"浪漫之都"，因而成为服饰城市；巴黎有巴尔扎克、肖邦、毕加索、萨特等文化名人，因而又是文学城市，如此等等。

奥地利首都维也纳是一座拥有 1800 多年历史的古老城市，在新石器时代已有人居住。公元 881 年以"维尼亚"首见记载，12 世纪成为手工业和商业中心，13 世纪末至 1918 年是哈布斯堡王朝的首都，以后是奥地利首都。

维也纳的人文景观和建筑风情带给人们与自然风光不一样的感觉，在这里，人们可以畅想未来、体验繁华。同时，维也纳更是一座音乐城市，维也纳音乐厅是这座"音乐之都"最现代化的音乐厅，是全世界音乐艺术殿堂，对传播这座城市、这个国家的人文价值、理想和精神起到了不可磨灭的贡献。维也纳每一年在这里开办的几十场盛大的音乐会，是旅游观光者抗拒不了的维也纳情怀。

人文气息浓厚的国外百年城市远不止这些，但通过伦敦、巴黎、维也纳足可看出，城市不只是地理学、生态学、经济学、政治学上的一个单位，还是文化学上的一个单位。因此我们可以这样说：以人文价值为主导的核心智库，就是强调"人"的根本，将"人"的发展和幸福指数放在城市发展首位的智库核心服务功能，是城市对人文文化、人文精神的关注。而所谓"人文价值"，是指对于人自身的意义，它事实上可以覆盖一切价值，因为一切价值归根结底都是对于人和人类社会文化发展的意义，但在通常情况下为了特定使用，人们把它主要理解为区别于经济价值的其他一切价值的总称。并将其定义为：某些事物或活动在人的人文精神、人文素质养成及发展过程中所起到的积极作用和功能。人文价值即只尊重人性为本的价值理念。

人文价值是城市形成的支撑，也是城市现代化建设的精髓，对于提升市民与城市素质，进而为跨越式发展提供了持续的根本性的保证作用。人文价值并非抽象的精神或理念，它渗透在城市建设的方方面面，贯穿于城市建设的过程当中。因此，建立以人文价值为主导的核心智库，必须立足城市建设的目标和需求及其未来发展，传承、培育城市人文价值，使城镇化得以有序、健康、差异化发展。

对于一个核心智库来说，当它创造的思想产品被政府或者其他服务对象采纳，它的产品才赢得了销路，它的社会功用才得到了实现，它的影响力才能体现和夯实。那么，在我国城镇化进程中如何建立以人文价值为主导的核心智库呢？其实施路径大致有以下4条。

其一，应当以城市发展的重大现实问题为主攻方向，从理论和实践的结合上，提出战略性、全局性、前瞻性和可操作性的决策咨询方案。传统意义上的核心智库是一个学术殿堂，有学术研究职能而不能解决现实问题之嫌。以人文价值为主导的核心智库是要提出近、中、远期的解决方案，尤其是决策执行方案，同时对党委政府的决策能力作出科学系统评价。

其二，核心智库是决策民主化和科学化的重要途径。核心智库要善于从第三方的角度相对独立地、客观地思考问题，发出自己独特的声音和建议。决策的科学化和民主化需要智力，需要决策咨询，需要智库中专家们的作用。这也是民主制度的一个组成部分。

其三，核心智库是城市、地区同行之间学术交流的重要平台，也是争取城市话语权的一个平台。城市软实力的创新来源，政策方案高端人才的储备，都离不开城市建设的核心智库。

其四，核心智库不能做成"纸库"，否则是没人看、没人用的，不能提出一个方案不痛不痒。同时，核心智库也不能成为"迟库"，什么事情都是"马后炮"，缺少预见性。现在的社会，包括决策部门需要的是预见性，就是对趋势、走势有一个正确的判断，为此，核心智库必须在城镇化规划与建设中提供前瞻性的意见和建议，作为决策部门的依据。

第三节　党委政府现行体制中的核心智库真相

> 夫围棋之品有九：一曰入神，二曰坐照，三曰具体，四曰通幽，五曰用智，六曰小巧，七曰斗力，八曰若愚，九曰守拙。
>
> ——张拟《棋经》

《棋经》是北宋时期皇祐中翰林学士张拟的作品，共 13 篇，分别是论局、得算、权舆、合战、虚实、自知、审局、虚实、斜正、洞微、名数、品格、杂说。阐述围棋攻防战略战术深入浅出，总结了以前围棋实战的经验，是历代围棋理论书中最权威的一部。围棋起源于中国，传为尧作，其攻防之法重在谋略。其实在我国历史上，谙熟谋略之道的能人可谓多多，比如孙武为吴王阖闾献谋、吴起为魏文侯献谋、孙膑为齐威王献谋，使这几位国君在治邦立业中做出了不可磨灭的贡献。这里的孙武、吴起、孙膑都是一流的谋士。在今天看来，这些谋士就是政府核心智库的高级人才。

当前，我国正处于全面深化改革的攻坚期和经济增长阶段的转换期，世情、国情、党情发生了深刻变化，所面临的发展机遇和严峻挑战前所未有，无论是改革方案还是重大政策制定的社会利益相关性、复杂性都不亚于以往任何时期，党中央、国务院对科学决策、民主决策、依法决策以及决策正确度的要求越来越高。可以毫不夸张地说，大变革的新时代已经发出了呼唤政府智库彰显能量的最强音，历史赋予政府智库的任务更为艰巨、责任更加重大。

2014 年 10 月，中央全面深化改革领导小组第六次会议审议了《关于加强中国特色新型智库建设的意见》。习近平总书记在这次会议上强调，我们进行治国理政，必须善于集中各方面智慧、凝聚最广泛力量。改革发展任务越是艰巨繁重，越需要强大的智力支持。要从推动科学决策、民主决策，推进国家治理体系和治理能力现代化、增强国家软实力的战略高度，把中国特色新型智库建设作为一项重大而紧迫的任务切实抓好。

近年来，习近平总书记多次对智库建设作出重要批示，指出智库是国家软实力的重要组成部分，要高度重视、积极探索具有中国特色的新型智库的组织形式和管理方式等。比如，2014 年 3 月，习近平主席在访问德国时，强调在中德两国成为全方位战略伙伴关系中，加大政府、政党、议会、智库交往。把智库建设提上了国家外交层面，"智库外交"将成为我国国际交流与合作的"第二轨道"。再如 2014 年 7 月，习近平总书记主持召开经济形势专家座谈会，在讲话中他说经济形势专家座谈会是落实"十八大"和十八届三中全会要求加强中国特色新型智库建设，建立健全决策咨询制度这个决策部署的重要体现，希望广大专家学者不断拿出有真知灼见的成果，为中央科学决策建言献策。上述这些重要论述，既表明智库建设是推进国家治理体系和治理能力现代化的重要内容，又为建设中国特色新型智库指明了根本方向、提出了总体要求。

党的十八届三中全会从顶层设计、制度建设以及对外交流等方面为中国智库的发展指明了方向，并且为其拓展提供了广阔舞台。同时，进入全面深化改革历史新阶段的中国，为中国智库的发展同样提供了肥沃土壤，智库已经融入国家决策的开放性平台之中，成为中国政策决策体制的一部分。

2015 年 1 月，中共中央办公厅、国务院办公厅正式印发《关于加强中国特色新型智库建设的意见》（以下简称《意见》），总体目标是到 2020 年，形成定位明晰、特色鲜明、规模适度、布局合理的中国特色新型智库体系，重点建设一批具有较大影响力和国际知名度的高端智库。根据这个《意见》，中国将重点建设 50～100 个国家亟须、特色鲜明、制度创新、引领发展的专业化高端智库。《意见》指出，到 2020 年，统筹推进党政部门、社科院、党校行政学院、高校、军队、科研院所和企业、社会智库协调发展，形成定位明晰、特色鲜明、规模适度、布局合理的中国特色新型智库体系。

建设中国特色新型智库的关键点是什么？中国人民大学国家发展与战略研究院副院长王莉丽认为，要逐步培育和形成具有中国特色的智库思想市场，同时制定有效规制，形成智库思想市场"培育"与"规制"相辅相成的两翼，共同构建中国特色新型智库思想创新与有效管理的机制，为实现"中国梦"提供坚强的智力支持和决策依据。一方面，我们需要进一步开放和培育智库思想市场；另一方面，我们需要对其做出有效规制，逐步形成中国特色的智库思想市场。

对此，清华大学国情研究院院长胡鞍钢说："我们要加快建设中国特色新型智库，广泛参与全球智库竞争，在世界舞台上更加鲜明地展现'中国思想'、响亮地提出'中国主张'、及时地发出'中国声音'，在全面建成小康社会、实现中华民族伟大复兴'中国梦'的过程中，做出更具独创性和重要性的、更高质量的知识贡献、思想贡献。"

中国改革需要顶层设计，顶层设计需要顶层智库。党委政府核心智库应该积极为党委、政府的顶层设计提供调查研究、政策分析、战略思考、改革设计、决策咨询等全方位的智力服务。为此，需要从以下5个方面不断加强自身建设。

1. 独立性、公共性和长远性缺一不可

"独立性"是在提到中国智库时一个被反复提及的词语。事实上，智库就是以影响公共政策的制定为使命，但是不依附于政府的话，又怎么能让自己所提倡的公共政策得以实现呢？"公共性"的问题，如果没有民意基础，一项公共政策即使被颁布，也不太可能得到良好贯彻。而智库的繁荣，意味着各种方案在智库"市场上"被"兜售"，从而"兼听则明"。至于"长远性"，智库的名声不是一天两天就建立的，而抱着建设"百年老店"的决心，智库才能提供更高质量的产品，而不是短视。问题是中国的许多半官方或者民间智库，其实都是以发起人的声望为中心而建立的，从而得到资源，这样一来，发起人出现什么问题，就很可能难以为继了。智库要建立庞大的分析样本和数据库，不能离开时间的支持和检验。

2. 打造一流的党委政府智库人才队伍

建设一流党委政府智库，首要的是有一流的智库人才。为此，党委政府要有求才若渴之心，根据党委政府智库建设的需要，网罗各学科各类人才，在人才结构、知识结构上不能"单打一"；同时要用才有方，对具体人才作具体分析，"能当梁做梁，能当栋做栋"，不能"人才倒挂"，更不能错把庸才、奴才当作人才大用。智库人才更不能只是行政事业和学术院校党委的人才聚集，需有各行各业的人才储备和参与，尤其是卓有建树的企业家、营销策划和管理咨询专家，只有把这些专家人才网罗进来，并恰当用好，党委政府的核心智库才能立起来。

3. 提高综合研判、战略谋划和咨询的能力

世界已经进入大数据时代，党委政府智库要善于运用现代化的信息技术和研究方法，去把握事物发展的内在规律和本质，及时发现经济社会发展中具有苗头性、趋势性的重大问题，前瞻性地作出战略谋划。从某种意义上说，政策的正确程度与政策制定者的综合能力成正比，而党委政府智库政策的咨询能力，正是这一综合能力的重要组成部分。提升党委政府智库的这一能力，其一要夯实学术理论根基；其二要提高自身政策水平；其三要深入社会实践；其四要实现前三者紧密结合、相互支撑。

4. 助推创造一流的咨询工作机制

党委政府智库作用发挥的好不好，关键看工作机制。以往的情况表明，一些党政机关需要智库帮助，许多科研人员也很想为行政管理提供智力支持，可事实上两者都不如愿。其中的主要问题是缺乏有效的工作机制。为此，一方面，要求智库人员"积极靠上、主动服务"；另一方面，要求各级党委政府转变观念，按照决策科学化民主化的原则，主动与专业学会、科研机构加强联系，争取智力支持。应建立党委政府与智库间联合攻关和协作共享机制。加强党委政府信息公开制度建设，为专家学者研究创造条件。党委政府主要领导要重视发挥智

库作用，多请教，多交谈，多出题目。须知，领导与智库是平等的、合作的关系，而不是上下级关系，更不是主仆关系。只有彼此摆正位置，尊重对方，建立起科学有效的合作机制，才能实现建设高水平党委政府智库的目标。

5. 学会兜售"思想产品"

一个好的智库，会从发布报告、联系媒体、影响决策者等方面多方位地推销自己的产品，把自己的专业"接地气"，寻求最大影响力。党委政府智库不仅要在国内提升政策解读的准确性、影响力，而且要加强国际交流合作，积极参与国际智库对话，开展政策对外解读，广泛传播中国的实践经验和政策主张，增强在全球主流媒体和国际组织平台的话语权。

总之，研究的目的在于应用，智库的价值在于辅政。党委政府现行体制中的核心智库应该摆脱单一的"解释角色"，为党委政府的顶层设计服务，积极参与决策，正确影响决策。

第四节　国内外核心智库比较

大道之行也，天下为公，选贤与能，讲信修睦，故人不独亲其亲，不独子其子，使老有所终，壮有所用，幼有所长，鳏寡孤独废疾者皆有所养；男有分，女有归，货恶其弃于地也不必藏于己，力恶其不出于身也不必为己，是故谋闭而不兴，盗窃乱贼而不作，故外户而不闭，是谓大同。

——《礼记·礼运》

这段话描述了古人心目中大同社会的美好情景。"大同"，是中国古代思想，指人类最终可达到的理想世界，代表着人类对未来社会的美好憧憬。基本特征即为人人友爱互助，家家安居乐业，没有差异，没有战争。现代又加入了全球范围内政治、经济、科技、文化融合的思想。尽管大同思想为中国思想，但西方的"乌托邦"以及现代的"地球村"等思想也与大同在许多地方有着极大的相似之处。本着"世界大同"这样一种人文情怀，我们对国内外核心智库进行比较，相信从中一定可以找到一些共性的东西，以便于在我国城镇化进程中，最大限度地发挥以人文价值主导的核心智库的重要作用。

不同国家因政治环境不同，智库概念和发展模式也存在很大差异。以下简要介绍英国、美国、德国 3 个西方主要国家的智库模式，并与中国的智库略作比较，同时提出建设和发展以人文价值主导的核心智库的必要性和重要性。

英国是现代智库发源地。世界上最早的现代智库是 1884 年成立于英国的费边社，随后又有英国皇家国际事务研究所。此后，英国智库经历了 3 次发展浪潮。第一次是在第一次世界大战后，英国认为在很多重大政策上失误了，需要专业人员作战略研究，便成立了一些早期研究机构。第二次是在第二次世界大战后到 20 世纪 70 年代，其中很多机构希望建立小政府，属保守主义智库，因与当时兴起的撒切尔主义一拍即合，得以蓬勃发展。其代表是亚当·斯密研究所，专门研究自由主义市场经济。与此同时，为对抗保守党智库，工党也成立了自己的智库，如公共政策研究所。然而，第二代智库已不像早期智库那般希望用严谨的研究提高政府决策质量，而只考虑意识形态上的"站队"。这种在政党间争论不休的状况，成为第三次浪潮的诱因。由于缺少政府支持，第三代智库发展缓慢，生存艰难。

　　美国的智库都宣称自己非盈利并独立于政府，为什么？这里有个背景：美国法律规定，非营利机构所接受的资助，包括其工作人员的工资都可以免税。美国收入税很高，因此免税吸引了很多优秀学者。美国智库也因该制度而蓬勃发展。虽然美国智库多声称独立，但基本都与政党有关。其中，保守派最主要的智库有传统基金会和战略与国际研究中心等；中间派是美国的主流，有布鲁金斯学会和兰德公司等，前者目前在各智库排行榜中居首，收入多来自募捐，后者则是现今全球最富有的机构，收入多来自研究合同。因其宣称"非营利"，故各项收支都必须公开；再是自由派，最典型的是美国进步中心（CAP），于 2003 年成立后发展迅猛，2008 年时已有几千万美元收入。因其成立者约翰·德斯塔是克林顿时期白宫办公厅主任，CAP 一开始便成为当时下台官员的人才储备中心，并汇集了很多支持民主党的企业家的捐助。

　　德国智库更有意思，主要分为 4 类：学术型智库、代言型智库、政党基金会和合同制研究组织。在这 4 类智库中，只有学术型智库符合美国的"独立"标准。德国 30% 左右的智库是代言型的，即为利益集团代言，但同时标榜自己独立于利益集团。怎么理解？这需回过头看独立性问题：智库如果长期为某集团说话，是否便不独立？不好说，因为其价值观及研究成果可能本来就与该集团契合，也是独立研究的结果。假如拿了某一家的钱，再替这家说话，才是不独立。所以判断独立与否，关键看拿谁的钱，再对照言论。在美国，智库需要有审计报告，公开资金来源，才能证明其独立性。德国较有特点的智库还有政党基金会，按法律规定，财政会拨款让每个政党成立一个基金会——很明显有附属性质，如阿登纳基金会，便是基督教民主联盟的下属智库。至于合同型研究机构，则靠研究合同生存，类似于目前国内的纵向和横向课题：需求方提出研究任务，签约后智库为其提供课题报告。

虽然英美德民主政治制度相似，但其智库发展大相径庭。西方民主国家的智库发展模式各异其趣，因此除了基本原则，我们没必要专门去学某国智库的发展模式，而要根据我国经济社会条件，走中国特色新型智库建设之路。

中国智库发展经历了 4 个阶段。1976 年前还没有"智库"一说，只有按苏联模式成立的政府附属机构；20 世纪 80 年代政策渐趋宽松，成立社科院及国务院四大研究中心，其中较重要的有农村问题研究组和国务院发展研究中心，后者是事业单位，被称为半官方研究机构；1992 年南行讲话后，政府更重视智库，由此，民间智库兴起，财政更独立、更有影响，并开始挑战半官方智库，同时有部分原智库专家成为专家治国的官员；1997 年以后，"十七大"提出"哲学社会科学界应为党和人民的事业发挥思想库的作用"，智库更多地参与国家决策。如今国内智库的数量仅次于美国，但发展仍不平均，半官方智库相比民间智库，在资金和规模上都占绝对优势。

"智库"在中国成为热点话题虽然是改革开放以后的事，但历史上智库一直发挥着它的功能，尽管其存在形式与叫法与现在不同。但就当前来看，中国五千年历史、文化、文明、习俗的沉淀，其有价值的历史传统文化之所以没有在城、镇、农村中得以充分传扬，就是因为缺乏人文价值主导的核心智库。

智库的高低不在级别，而在于其能否对经济和政治的发展前景做出高明的预测，提出高超的对策；能否对国际国内发展机遇、竞争挑战和种种风险高瞻远瞩，并且设计出富有远见和独创性的公共政策。这一点在世界范围内尽皆如此。在中国当前城镇化建设中，核心智库的生存正道，就是以客观的态度、求真的精神、科学的方法、以人为本的角度，为决策提供可操作性的城镇化解决方案。

除了智库本身秉承科学态度，为城镇化建设的决策者提供决策依据外，也需要领导层正确看待智库。对于智库提供的研究成果，领导层不能顺者高兴，逆者反感。无论是好看的报喜数据还是扎眼的报忧数据，都应本着科学、民主、客观的心态筛选使用，让智库的研究人员敢于说真话，敢于通报客观真实的情况。这应该成为建设和发展以人文价值为主导的核心智库的基本态度和原则。

事实上，与世界发达国家智库相比，中国也在致力于寻找差距，克服不足，大力加快发展步伐，尤其是近几年来取得了可喜成就。这些成就反映在全球顶级智库排行榜中。

2014 年 1 月下旬，美国宾夕法尼亚大学智库项目在美国纽约的世界银行总部发布《2013 年全球智库报告》。中国（海南）改革发展研究院（以下简称"中改院"）在多项名录中排名靠前。

在"全球最值得关注的新兴智库"名录中，中改院排名第 27 位，在进入全球同类智库名录的 3 家中国智库中，中改院排名第一。另外 2 家为东中西部区域发展和改革研究院与上海新金融研究院。在"全球最好智库论坛"名录中，中改院排名第 21 位，在进入全球同类智库名录的 6 家中国智库，中改院排名第一。另外 5 家为中国国际经济交流中心、东中西部区域发展和改革研究院、上海新金融研究院、清华大学当代国际关系研究院与天则经济研究所。在"全球最好智库网络"名录中，中改院排名第 37 位，在进入全球同类智库名录的 3 家中国智库中，中改院排名第一。另外 2 家为清华大学当代国际关系研究院与东中西部区域发展和改革研究院。

同月，上海社会科学院智库研究中心和美国宾夕法尼亚大学智库项目，联合举办"2013 全球智库报告/中国智库报告联合发布会"。发布会公布：根据上海社会科学院智库研究中心首次面向中国智库开展的影响力排名研究，中改院在中国民间智库影响力排名第一，在中国智库综合影响力排名第十。

2015 年年初，中美两份智库榜单出炉，分别是美国学者发起的《全球智库报告（2014）》和中国相关机构发布的《2014 中国智库影响力报告》，让"智库建设"再次成为中国学界热议话题。

《全球智库报告》（以下简称《报告》）2007 年由美国宾夕法尼亚大学博士詹姆斯·麦甘牵头发起，每年年初发布由全球数千位专家学者提名的智库排名结果。目前该《报告》已成为世界上最受认可的智库排名表。

2015 年共有 7 家中国智库入围"全球顶级智库前 150 强"，分别是中国社会科学院、中国国际问题研究院、国务院发展研究中心、中国现代国际关系研究院、上海国际问题研究院、北京大学国际战略研究院、中国人民大学重阳金融研究院。

据统计，全球目前共有 6681 家智库，其中美国 1830 家、中国 429 家、英国 287 家，位列智库数量前三甲。毋庸置疑，中国的智库影响力与美国布鲁金斯学会、英国皇家国际事务研究所等排名前十的智库还有很大差距。中国人民大学重阳金融研究院执行院长王文说："中国现在是智库大国，还不是智库强国。"全球有影响力的论坛，如达沃斯论坛、香格里拉论坛等几乎都是智库在做，中国智库的国际化、参与性和影响力等方面都有待加强。

而中国学界新一轮对智库建设的热情与中国领导层的重视密不可分。中国国家主席习近平多次对智库建设作出重要批示，指出智库是国家软实力的重要组成部分，要高度重视、积极探索中国特色新型智库的组织形式和管理方式。

在此背景下，智库建设再次成为各高校特别是知名高校的新年第一要务，与国计民生相关的专业领域都在跃跃欲试打造高端智库。在教育智库建设高层咨询会上，教育部社会科学司司长张东刚表示，中国近半数两院院士在高校，建设智库是高校的职责所在。下一步还将进行高端智库建设试点，加强长期数据库建设，更好地发挥智库建言献策、引导舆论、培养人才等方面的功能。

中国人民大学重阳金融研究院高级研究员刘志勤说，中国学界要做好准备迎接新的"智库潮"，一方面要到达"天庭"，学界的方案得到上层的重视，能够使学界智慧更快付诸实践；另一方面也要"接地气"，比如学者提出的城镇化、高铁、环保等领域的建议要得到老百姓的认同，才有执行力。

国家发展与战略研究院执行院长刘元春认为，大学里的研究多是书斋型的研究，虽然也有应用型的研究，但这些研究能不能够为决策者所采纳，还需要智库建设形成一种"往上达"和"往社会去"的便捷通道，这也是提高整个国家治理能力的重要一环。

中国核心智库的构建、发展方兴未艾。中国核心智库在城镇化过程中所起的作用愈加显现！

第四章　核心智库的核心价值

　　一个城市能否获得根本意义上的文化魅力和经济竞争力，很大程度上是通过核心智库的建立、构建与实施来实现的。核心智库的核心价值体现为彰显城市尊重自然的人文价值，疏通城市人文和未来记忆的生命管道，是城市"大脑"中枢神经系统，城市经济高效运行的"超级保姆"，对于提高"城民"生活质量和幸福指数起到了独特的核心作用。

第一节　让一座城市活得有尊严

　　我们的城市必须成为人类能够过上有尊严、健康、安全、幸福和充满希望的美满生活的地方。

——摘自《伊斯坦布尔宣言》

　　《伊斯坦布尔宣言》是联合国人居组织 1996 年发布的文件，这里引用的这段话意味着城市化不但要看城市发展的速度，还要看城市发展的质量。而在这个质量中，"尊严"排在了第一位。市民的尊严就是城市的尊严，反过来说，城市的尊严也是人的尊严。给城市以尊严，就是给自己尊严！

城市的尊严是什么？在举着相机的游客眼里，一个城市的尊严是它高耸的现代建筑和辉煌的名胜古迹；在党政领导眼里，一个城市的尊严是属于它的一项项高指标和重大赛事在这里的成功举办；在市民眼里，他所居住的这座城市的尊严，在于便利舒适的生活条件和远房亲戚的夸赞；在外来务工者眼中，城市就是他们温暖的第二故乡。

一座城市有没有尊严，关键看它是否传承了基于尊重自然的人文历史。要让城市有尊严地"活"下去，唯有通过核心智库的建立、构建与实施，彰显城市尊重自然的人文价值，才能使城市变得更有文化魅力和经济竞争力。

核心智库的建立、构建与实施，在打造城市文化魅力和经济竞争力方面，其价值主要体现在以下三方面。

1. 城市不应该和自然对立

建筑和树木、道路和花朵、桥梁和流水，应该使人感到亲切而自在地分布。事实上，新型城镇化就是反对大拆大建，注重对自然的尊重和对传统的保护，是城镇化先行者走过城镇化道路后所积累起的宝贵的城市发展经验共识。

2013年12月在北京召开的中央城镇化工作会议，标志着我国新型城镇化总的指导方针、规划、任务等的确立，新型城镇化全面启动。紧随其后，由澄宇智库（广东省澄宇生态伦理研究院）发起的"2013区域综合承载力与绿色广东发展论坛"在广州举行，主要探讨区域综合承载力下，如何打造绿色、可持续的城镇化模式，实现由"乡"到

"城"的重要转变。"让居民望得见山、看得见水、记得住乡愁",中央城镇化工作会议提出要求尊重自然环境、人文历史、确保建筑质量,成为论坛上热议的话题之一。

在论坛上,惠州市东江高新区负责人以东江高新区的招商为例,对申请入园区的项目的技术含量、产业效益、能源消耗、环境保护、土地利用等指标进行综合评价,促进园区产业结构低碳化、产业效益高质化和产业发展特色化、持续化。与此同时,在开发过程中,惠州规划保留了园区部分生态湿地和河渠,利用生态系统的自我调节能力,建设生态公园,通过沿袭自然肌理,融合自然水系,完善人行道、护栏、亲水平台、绿化等景观元素,改善生态风貌,塑造岭南水乡特有景观,尽显园区迷人风情。

2. 城市不应该和文化对立

庙宇宫殿、亭台楼阁、碑碣石刻,应该悉心地安放和呵护。2013年11月,历史城市景观保护联盟第二次年会在杭州召开,年会旨在发挥历史城市景观保护联盟智库作用,为文化遗产保护事业作出贡献。北京、上海、西安、南京、苏州、开封、洛阳、安阳、济南、厦门、酒泉等历史文化名城文物管理机构,丽江古城、泰山风景名胜区、哈尼梯田等世界遗产地管理机构,浙江大学文化遗产研究院、亚太地区世界遗产培训与研究中心等研究机构,共52家联盟成员单位的近60名代表参加会议,就联合国教科文组织"历史城市景观(HUL)"新理念、新方法在文化遗产保护和申遗领域的推广和落实进行深入探讨,达成并发表了《历史城市景观保护联盟杭州共识》。

联盟成员认为,随着城镇化进程的快速发展,文化遗产保护面临经济、文化、环境等方面的诸多压力,大规模"拆旧建新"的发展思路，造成城市个性和特色消失，"千城一面"和文化同质化严重，极大地影响了城市的长期可持续发展。历史城市景观（HUL）保护方法，注重对现有建成环境、非物质遗产、文化多样性、社会经济和环境要素以及当地社会价值观等在内的自然和人文背景的综合考量，旨在建立一系列操作原则，确保城市发展模式能够尊重历史文化的价值、传统及其依存环境，找到保护和发展之间的最大公约数，并受惠于这种发展模式。历史城市景观保护联盟致力于积极吸收"历史城市景观"新理念、新方法，结合文化遗产保护的实践经验，综合考虑遗产保护发展动态趋势，为文化遗产保护和申遗服务。会上还举行了《中国历史城市景观保护发展报告（2013）》首发仪式，发表了《历史城市景观保护联盟杭州共识》，吸收了20余家新增成员，取得了丰硕的成果，产生了较大影响。

3. 城市不应该是我们和别人的对立

无论是天南海北，还是城市乡村，都有权利在这里共享机遇、成果和梦想。2014年8月，由吴良镛、徐匡迪、王伟光、牛文元、汪光焘等中科院院士和学部委员共同倡导发起的我国城市领域首个高层次多学科集成的新型智库——"中国城市百人论坛"在北京成立。来自自然科学界和社会科学界的百余名专家学者出席"中国城市百人论坛"成立大会暨"人的城镇化"研讨会，进行讨论，交流看法。论坛首批60名顶级专家，涵盖了城市经济、社会、人文、环境、规划、地理、交通、工程等10个领域。论坛为公益性、松散型的多学科集成智库，将通过组织一系列学术活动，构建新型思想交流平台和政策咨询渠道，为国家决策部门提交城镇化和城市发展与改革重大政策建议，以及理论支撑和政策咨询等，并发表集体研究的成果。

中国工程院主席团名誉主席徐匡迪认为，城镇化是人们的就业、生活方式的转变，也就是人们从农业转向工业、服务业。中小城镇是中国城市化的基础。我国县域人口占全国人口总数的70%。不可想象，我们的城镇化只是北上广，而应该是全方位的，以中小城镇为主。城镇化不是让农民盲目进城，必须要有就业。我们国家的城镇化过程中人口流动相对集中，有一个新的动向值得我们注意，就是从2011年起省内流动开始超过省际流动，从2010年开始省内的流动已经达到52.9%，而跨省的流动降到47.1%。这和2010年以前，特别是和20世纪90年代不一样了。"90后"农民工进城定居意识特别强，"我们"叫新农民工，他们和"70后"农民工不一样。当时的农民工进城主要是为了家里盖房，找老婆结婚，女的是为了嫁妆。现在，大部分人不准备回去了，尽可能地留在城市，但他们留下来的主要障碍是感到收入偏低。推进人的城镇化，主要的政策应是两个方面：从城市来讲，是就业准入与保障、户籍管理改革、社会保障、住房；从农村来说，是农村的土地制度，包括新型农村社区、现代农业经营、职业技术教育等。

一座有尊严的城市，不能仅仅人口多就称为城市化，还要以这些人的生活水平、生活质量来衡量城市化。桂林的尊严是山水给的，拉萨的尊严是雪域高原给的，大连的尊严是美丽给的，济南的尊严是泉水给的，兰州的尊严是黄河给的，海口的尊严是椰林给的，杭州的尊严是西湖给的，苏州的尊严是园林给的，昆明的尊严是气候给的，贵阳的尊严是生态给的，九江的尊严是庐山给的……这些城市是我们建造的，我们给城市以尊严，不仅能够让一座城市有尊严地"活"着，更是给我们自己尊严。

第二节 疏通城市人文和未来记忆的生命管道

> 禹别九州，随山浚川，任土作贡。
>
> ——《尚书·夏书·禹贡》

《尚书》又称《书》《书经》，是中国汉民族第一部古典散文集和最早的历史文献，成书于战国时期。这句话的意思是说，大禹把全国划定为徐、冀、兖、青、扬、荆、豫、梁、雍9个"州"级行政区，并沿山砍木为记，疏通江河，依据土地条件规定贡赋。在漫长的历史长河中，华夏大地"九州"中的每一州都慢慢地建起了一座地区性的中心城市。每座城市各有自己的人文历史，而这种人文历史凝结在各个城市之中，虽历千秋万载，却一直留在城市记忆中，以至于今天的人们也不忘大禹的丰功伟绩，通过神话传说、建庙立堂等各种形式纪念他。

人文历史是城市的根与魂，是城市文明的核心。华夏大地灿烂辉煌的城市记忆，是各个城市市民的精神家园和集体记忆，它不仅能强化市民的认同情感，更是一座城市的凝聚力和向心力。核心智库的使命就是疏通城市人文和未来记忆的生命管道，发现城市人文精神的率性与美好，发掘与张扬城市的人文生成，帮助城市找准自身的存在基调，让城市人文与记忆以物态的形式体现出来。

城市记忆也是城市资源，把城市记忆这一无形资产转换为经营城市的宝贵财富的重要途径之一，就是发展文化旅游业。新华网曾转发过《珠海特区报》刊登的一篇文章——《城市记忆与人文精神的传承》，内容用现实案例重点展现了人文历史在城市资产、形象和品牌运营中的重要作用，以及通过人文资产增强城市竞争力。

1. 城市记忆，作为历史文化资源的组成部分，是城市的高等资源

比如，前几年出现了一种独特的"历史名人争夺战"现象：辽宁辽阳和河北丰润在争《红楼梦》作者曹雪芹，河南鹿邑县和安徽亳县争老子的出生地。对古代名人的争夺，实质上是对城市记忆这种文化旅游资源的争夺，其他资源都会枯竭，只有城市记忆一年比一年值钱。核心智库一定要加强对这一高等资源的认识，切实解决好城市记忆的保护和利用，让这一高等资源世世代代增值下去。比如，珠海筹建的"珠海名人雕塑园"，选择中国近现代产生过重要影响的 21 位珠海历史名人，雕塑成青铜群像。这种将珠海历史名人以群塑的形式集中展示，既充分挖掘出了珠海历史名人的无形资产，提升了当地文化品位，又为珠海增添了一个文化底蕴深厚的旅游景点，是珠海近年来开发城市记忆资源的一次成功运作。

2. 要盘点城市记忆，精选文化品牌

以珠海为例。珠海拥有早熟的海洋文化、悠久的商业文化、独特的摩崖石刻文化和丰富的名人文化，容闳是其中的杰出代表，也是最具开发价值的历史名人资源。容闳的一生，为东西方世界留下了一笔丰厚的精神文化遗产。他开创了中国官派公费留学的先河，他首倡的教育救国思想，成为当代科教兴国战略的最初思想渊源。珠海一定要精选容闳这一难得的文化资源，开展留学生文化研究，建设留学生纪念馆，把珠海打造成留学生创业之城，把容闳打造成珠海的城市符号和文化象征，让容闳成为珠海闪亮的"文化名片"。

3. 遵循市场规律，开发城市记忆

如何通过文化产业的运作，把城市记忆这种文化资源转变成一种现实竞争力、转变成一种城市综合实力，是建设先进文化的关键所在。所以，要尊重市场经济规律，遵循企业管理的科学法则，广泛借助社会资本开发文化资源。比如，珠海在筹建"珠海名人雕塑园"时，采取政府投入与社会支持相结合的方式建设。雕塑的制作费用通过向企业出让冠名权的方式筹集，其余配套资金则由政府解决。这种运作方式得到了企业和社会的广泛好评，体现了社会办文化的理念，拓宽了文化事业的资金来源。

城市人文精神的薪火传承靠的就是城市记忆。而城市的历史和记忆在旅游事业建设中得以存留、发掘、保护、利用和宣传，是核心智库弘扬城市人文精神的重要方式。

第三节　城市大脑中枢神经系统

神明之体藏于脑，神明之用发于心。

——张锡纯《医学衷中参西录》

张锡纯是民国年间的中西医汇通医家，《医学衷中参西录》是其一生治学临证经验和心得的汇集。他这句话的意思就是说，脑在心的控制下产生和完成神明活动。"心主神明"是传统中医学整体观念、五脏相关的重要体现，其实质是大脑通过感觉器官接受、反映客观外界事物，从而进行意识思维情感等活动。这里的"心"就是大脑感觉

器官，即大脑中枢神经系统，它接收全身各处的传入信息，经整合加工后成为协调的运动性传出，或者储存在中枢神经系统内成为学习、记忆的神经基础。

祖国传统医学理论框架的基础往往是临床经验、古典哲学和人文精神的混合体，代表了古代世界经验医学与哲学形态的最高成就。大凡哲学和人文高度的认知，对于各个领域都具有普遍的指导意义。显而易见，祖国传统医学所蕴含的"思维"哲理和人文情怀同样具有普遍意义。那么，核心智库既然被称为"思想库"，它作为决策层提供城市科学治理前瞻性和战略性解决方案、推进国家城镇化建设的重要力量，从其功能上来讲，完全可以比作城市大脑的中枢神经系统。

在当前城镇化进程中，有许多城市注重发挥"核心智库"这一城市大脑中枢神经系统的整合加工作用，着力打造城市的文化魅力和经济竞争力。云南省昆明市人民政府引来"智库"建科技桥头堡，就是其中的重要举措之一。

在云南省加快建设面向西南开放重要桥头堡的战略背景下，2011年，昆明市人民政府与中科院昆明分院在昆明举行了"昆明科技桥头堡建设研讨会"，对《"昆明市科技桥头堡建设规划研究"课题咨询报告》（下称《报告》）进行了讨论。《报告》提出将昆明打造成为中国面向南亚、东南亚开放的科技桥头堡城市。在此之前昆明市人民政府就与中国科学院昆明分院达成共识，共推共建"昆明科技桥头堡"，并提出编制上述《报告》。经过一年多的调查研究和反复咨询、论证，形成了上述《报告》。

《报告》围绕昆明市的资源禀赋和基础，提出了搭建国际化科技平台，组建生命科学与技术研究院，建设科技成果转移扩散平台，建设科技创新服务促进中心；实施产业牵引战略，促进生物、装备制造、光电子与信息等产业的发展，使高新技术产业国际化发展；紧扣区域经济特点，加强农林业科技合作；发展低碳环保新能源，构建西南生态安全屏障；加强人才培养与交流，提供人才支撑，最终将昆明打造成为面向南亚、东南亚开放的科技桥头堡城市，成为科技辐射作用明显、科技引领作用突出、国际科技资源集聚和国内外科技合作与交流活跃的科技中心城市。

随着建设"昆明科技桥头堡"工作的推进，2014年5月，国务院批准同意了云南省人民政府《云南桥头堡滇中产业聚集区发展规划(2014—2020年)》组织实施，强调"实施要强化资源节约、环境保护和生态建设理念，加强环境保护基础设施建设和生态建设，实现经济社会、人与自然的和谐发展"。

"滇中产业聚集区（新区）"建设是云南实现跨越式发展的关键，是加快桥头堡建设的核心，是云南省改革开放最大的举措。它定位于桥头堡建设的核心区，产业发展的聚集区，改革开放的试验区，产城融合的示范区，科技创新的引领区，绿色发展的样板区。目标是：到2015年，综合交通网络基本建成，要素保障体系初步完成，新区主导产业初见雏形，带动全省经济社会加快发展的核心作用开始显现。新区生产总值达到1500亿元以上（其中，西区1000亿元以上，东区500亿元以上）；到2020年，以汽车和装备制造、电子信息、生物、新材料、轻纺家电、现代服务业等为主的中高端产业体系基本形成。新区生产总值达到6000亿元左右，力争新区生产总值占全省20%以上（其中，西区和东区各 3000 亿元以上），产城高度融合的城市新区和推动桥头堡建设的重要增长极基本形成。

为此，云南省政府设立了滇中产业聚集区（新区）管理委员会，作为省政府派出机构，授予省级行政审批管理权限，托管新区各县市，统一组织领导新区的规划开发建设。设立中共滇中产业聚集区（新区）工作委员会，作为省委派出机构，履行相应职能。同时，为了破解"滇中产业聚集区（新区）"建设过程中的资金难题，政府、同业和海外三大平台正在积极进行优势互补，为其注入具有云南特色的金融力量。

发挥核心智库"城市大脑中枢神经系统"的作用，重庆市也不甘落后。2014 年 7 月，重庆市智库发展研究会高层走进秀山县，为秀山县文化发展定向导航。

重庆市着力打造城市智库，提升城市软实力。"重庆智库"是专门从事智库发展研究、决策咨询服务的社团组织，于 2013 年 8 月正式成立，是全国第一家以"智库"冠名的专业性社会团体，也是重庆市第一家中国特色新型智库。"重庆智库"研究的《"十三五"土地制度改革与土地市场建设》成为全国申报国家"十三五"规划前期重大课题唯一社团。

为推进渝东南生态发展保护区建设，提升文化发展软实力，加快文化强县建设步伐，受秀山县委宣传部的委托，"重庆智库"将为秀山县"十三五"文化产业发展及软实力、城市形象提升提供决策研究。在此后不久的 2014 年 9 月上旬，"重庆智库"与大足石刻文化创意投资有限公司就合作建设"大足石刻文化创意产业研究中心"正式签约，并启动了《"十三五"大足石刻文化产业园区文化产业发展规划研究》课题。该中心的成立，将为大足石刻文化产业化的运作提供智力保障，做出具有前瞻性的对策研究，对促进大足石刻这一世界文化遗产的保护和利用，促进当地文化产业发展，提升大足文化软实力具有重要意义。

核心智库这一城市大脑中枢神经系统，在今后的城镇化建设过程中，必将日益发挥出越来越重要的整合、加工作用。

第四节　城市经济高效运行的超级保姆

> 万物通，则万物运；万物运，则万物贱；万物贱，则万物可因；万物可因，则天下可治。
>
> ——管仲《管子》

《管子》是管仲的一部论文集，成书年限大致在战国到西汉这段时间，内容涉及政治、军事、经济、哲学等方面，绝大部分是管仲及管仲学派思想的记录与反映。管仲是春秋时期齐国著名的政治家、军事家，齐国上卿（即丞相）。他辅佐齐桓公成为春秋时期的第一霸主，被称为"春秋第一相"。管仲充分认识到了市场的作用，他认为，通过市场不仅可以看到一个国家生产发展程度和经济实力、物价变化、物资余缺等状况，而且可以看出社会治乱、人心向背的情况。因此，他在齐国积极开发山林、盐业、铁业，发展渔业，以此增加财源；发展商业，取天下物产，互相交易，从中收税。管仲的经济主张及其措施，使齐国出现了民足国富、社会安定的繁荣局面。用今天的话说，齐国是当时华夏诸国地区经济发展最好的经济强国。

地区经济运行水平的高低，会在该地区的城市经济中集中而鲜明地反映出来。城市经济是以城市为载体和发展空间，二三产业繁荣发展，经济结构不断优化，资本、技术、劳动力、信息等生产要素高度聚集时，其规模效应、聚集效应和扩散效应就会显得十分突出。只有大力发展城市经济，才能真正使地区经济走上兴旺发达的现代化道路。强调城市对于整个区域发展的重要性并为之献计献策，是核心智库十分重视并积极探索的一个重要课题。

在城市经济发展过程中，核心智库发挥"超级保姆"的作用是：以城市先进的技术装备武装村镇，推动广大村镇的现代化进程，村镇则以自己的农副产品供应城市，支持城市的社会主义建设。在城乡之间建立平等互利的经济联系，走共同繁荣的道路，从而为最终消灭城乡差别逐步创造条件，缩小发展格局和差距，避免出现如国家住建部原副部长仇保兴所说"走了一城又一城，城城像欧洲；走了一镇又一镇，镇镇像非洲"的状况。在这方面，麦肯锡公司对中国城市的划分很有意义。

麦肯锡公司于1926年创立于美国，现已成为全球最著名的管理咨询公司，在全球44个国家和地区开设了84间分公司或办事处。麦肯锡目前拥有9000多名咨询人员，分别来自78个国家，均具有世界著名学府的高等学位。麦肯锡可为不同的竞争者服务，但是所有的人员、信息和资料均有极为严格的管理措施，使咨询人员恪守公司政策，遵守工作程序，确保所有客户的利益。

麦肯锡全球研究所2012年6月的研究报告认为，过去多个世纪以来，全球经济重心一直在改变，自20世纪80年代以来由欧美向亚洲变化的速度急剧加快。而说到未来重心的核心地带——中国，值得一提的是中国的城市化。麦肯锡称，中国城市化的规模是18世纪英国的

100 倍，速度则是 10 倍。

麦肯锡公司用城市群方法（Cluster Map）区别对待中国的不同城市，并关注它们在收入水平、地理位置、城市间的经济联系和贸易往来诸多方面的区别和差异，以及城市中消费者共同的消费态度和偏好等。这种方法将中国城市分为22个城市群，每个城市群围绕1~2个中心城市发展。为了确保这种方法是可行并适用的，所有的卫星城距离1个中心城市不超过300千米，并且每个城市群的GDP（国内生产总值）都超过中国城市总GDP的1%。麦肯锡城市群涵盖了中国815个城市中的606个，占中国城市人口的82%，预计到2015年将占据城市GDP的92%。

麦肯锡城市群方法能帮助企业定义战略愿景、优化资源配置，跟踪业绩。能在更广阔的地域范围内实现销售队伍、分销渠道、供应链以及营销的协同效应，更有实效性和成本效益。各家企业最终确定的城市群数量可以有所不同。有些公司或为了扩大分销中的规模经济，或因为某些城市群中的类似的媒体观看习惯和对媒体渠道的偏好，而将一些城市群合并。另一些公司则可能因为某些城市群内差异（比如竞争状况或消费习惯），需要运用不同的战略，而将一些城市群分拆为两个或更多的小城市群。

随着低层级城市的发展，仅仅关注高层级城市的策略正变得日益缺乏成本效益。不仅如此，这些策略还将投资风险集中在协同效应低、缺乏增长后劲的城市上。麦肯锡的城市群方法帮助企业专注于数量有限的优先城市群上。例如，在厦门和福州或周边推动业务增长之前，先投资于广州周边城市扩大业务，业务发展速度可能更快，且成本更低，因而投资回报率也更高。

在那些企业已经拥有牢固地位的优先城市群中，它们可以扩建规模，在多个城市共享分销基础设施、供应链和销售队伍，充分利用和共享其对该地区长期以来积累的专业知识和资源，还可以更好地利用电视收看的协同效应。例如，在以广州为中心的城市群中，电视观众喜欢收看主要以广东话播音的省级电视台节目。一家个人护理用品公司通过在城市群层面与零售商和物流提供商谈判中取得更优惠的贸易条款，并发现了在全国性电视台打广告具有更好的效果，因而削减了在本地电视台的广告投入，该公司的净利润因此翻了四番。

企业还可根据一系列因素在所选城市群中做出营销选择。比如，是走遍布城乡的百货公司和大卖场等现代化渠道，还是走传统的夫妻店零售渠道；是在乎消费者的品牌忠诚度，还是关注他们对价格的敏感度；以及消费者尝试新产品的意愿等。

此外，企业在选择瞄准哪些城市群的同时，还需要在城市群内部的各城市、分销渠道和单一销售网点之间做出选择。

第五节　人文，让城市生活更美好

> 通衢车马正喧阗，只是宣和第几年。当日翰林呈画本，升平风物正堪传。水门东去接隋渠，井邑鱼鳞比不如。老民从来戒盈满，故知今日变丘墟。楚拖吴樯万里舡，桥南桥北好风烟。唤回一晌凡华梦，萧鼓楼台若个边。
>
> ——张公药为《清明上河图》题跋

张公药是北宋灭亡后降金的臣民，是当时的著名诗人，与《清明上河图》作者张择端为同时代人，且熟悉旧都风物，是汴京（今开封）兴衰的见证人。《清明上河图》为现实主义风俗画的杰作，作者张择端以精致的工笔，描绘了北宋徽宗时代首都汴京以及汴河两岸的繁华景象和自然风光。

北宋时期，娱乐活动打破了等级的藩篱，在都城汴京的市井中兴起。最重要的表现就是出现了大众娱乐场所"瓦舍"。大的瓦舍能容纳数千人，里面分出各种功能的演出厅"勾栏"。到南宋时，临安城内瓦舍有17处，不但演出的剧种繁多，而且配套服务齐全：百货、药品、算卦、赌博、饮食、剃头、纸画、令曲等，一应俱全。每当夜幕降临，有钱人就来到戏园子或茶楼，泡上一壶好茶，要上一盘零食，且看、且听、且食、且饮，优哉游哉。除了听戏，市民还可以观看或参加各种杂耍、杂技和体育活动。也有说书讲古、插科打诨的，常常"听者纷纷"。另外，中秋赏月，早春踏青，成俗已久，才子佳人乐此不疲。以上可见当时城里人的生活丰富而精彩。

北宋时期城里人的业余生活之丰富，相当于现代人所说的城市中的美好生活，中国2010年上海世界博览会就以"城市，让生活更美好"为主题，这一主题背后蕴含的生活梦想已经成为一个时代的呼唤。

不可否认的是，在城市飞速发展的今天，人们的城市生活也越来越面临一系列挑战：高密度的城市生活模式不免引发空间冲突、文化摩擦、资源短缺和环境污染。如果不加控制，城市的无序扩张会加剧这些问题，最终侵蚀城市的活力、影响城市生活的质量。为此，2010年上海世博会以"和谐城市"的理念来回应对"城市，让生活更美好"的诉求。"和谐"的理念蕴藏在中国古老文化之中。中华文化推崇人际之和、天人之和、身心之和。"和谐城市"主要体现为多元文化的和谐共存、经济的和谐发展、科技时代的和谐生活、社区细胞的和谐运作，以及城市和乡村的和谐互动。

是什么让城市生活更美好？在当下的中国，这有赖于作为城市主体的政府、企业、公民三者之间的和谐共建。而真正能够让城市生活更美好起来，就少不了核心智库的积极参与、智慧互动。

2013 年 2 月，英国经济学人智库发布了最新一期"全球生活成本指数"排行榜，此榜每半年发布一次，调查对象涵盖 93 个国家 140 个城市，调查本身是为外籍人士和商旅人士专门建造的网络工具，用于计算生活成本津贴和补贴。这次发布的排行榜以纽约为基准，调查了超过 400 种商品和服务的价格，对比全球逾百个城市的生活成本。排名前 20 的城市中，11 个来自亚洲和大洋洲，8 个来自欧洲，1 个来自南美洲，没有城市来自北美洲。由于经济稳定发展和工资快速上升等因素，中国城市的排名全部上升，幅度从第 1 位到第 17 位不等。在中国城市生活成本排名中，排名最高的是香港，位居全球第 14 位；内地排名最高的城市是上海，比 2012 年上升 11 位，生活成本指数与排名第 27 位的纽约基本一致，位于全球第 30 位；其次是深圳、大连、北京、台北、广州、苏州、青岛和天津。

在国内，成立于 1993 年的安邦咨询公司，是国内现存最早、最为著名的从事宏观经济与战略决策研究的民间智库，一直专注于财经、公共政策和风险领域的信息研究和分析。安邦向中央及地方政府、世界五百强中 1/3 以上的企业、中国 2/3 以上的金融机构提供专业的战略评估、政策分析、经济分析等研究和信息服务，已成为众多中央和地方政府及企业决策层的重要决策参考。

2014 年 5 月，安邦研究总部定量分析团队开发设计出了国内"安邦城市生活压力指数"，用于反映国内不同城市的生活价格压力，从中我们能够发现不少有趣的现象，在政策上也具有一定的指导意义。以 2014 年 2 月的同比压力指数来看，上海的城市生活压力比北京要大，这一点与很多人的想象不太一样。一般认为，上海在国内是一个"最适宜生活的城市"，但究竟是否"适宜生活"，除了城市环境之外，生活成本构成的城市生活压力也是重要的考虑因素之一。从"安邦城市生活压力指数"来看，数据并不支持这一点，虽然上海与北京的整体城市生活压力都较大，但上海 2014 年 2 月的压力指数是 8%，而北京是 7.14%，上海的确高过北京。

在安邦统计的中国 35 个主要城市中，2014 年 2 月的同比城市生活压力指数前 5 名的排名分别是：上海 8%，全国排第一；深圳，为 7.95%；广州，为 7.28%；北京，为 7.14%；厦门，为 6.48%。从这个排名来看，全国一线城市主要是因为物价和房价的原因，明显与大部分二线城市和三线城市形成巨大的差异。事实上，在中国的其余二线城市中，仅有南京和长沙两市的生活压力指数稍微突破了 6%，这一点与现实中的反映是高度一致的。

值得注意的是，从同比生活压力指数的全国比较来看，国内一线城市的生活压力远远大于二线城市和三线城市，而且在二三线城市中，生活压力指数并不与城市的大小呈正相关。西南地区的成都和重庆一直以"生活惬意"著称，很多生活在一线城市的四川人和重庆人回流四川和重庆。东南沿海一带出现严重的招工困难，这都是有原因的，因为成都和重庆的同比生活压力指数分别仅为 3.63% 和 3.64%，与京沪广深等一线城市差了将近一半，甚至明显低于福州、南昌、合肥、太原、银川、武汉等城市。生活压力指数所反映的生活价格变化，已经开始显著影响人们的择业和择居。数据清楚地显示，中国不仅仅存在贫富差距拉大的问题，就是城市之间的差距也在拉大。

2014年2月主要城市生活压力指数的比较还显示，那些经济实力并不是最发达，但积极推高房地产价格的二三线城市的生活压力指数往往较高。如2月城市生活压力指数排在第6名的是南京，为6.12%；第7名是长沙，为6.06%。从经济实力、城市人均GDP（国内生产总值）和人均收入来比较，这些城市的排名并不靠前，但生活压力指数却在"超前"发展。究其原因，与这些城市近年的房地产价格上涨有较大关系。在安邦看来，房价突进超越经济发展水平的二三线城市往往透支了经济发展潜力，容易出现经济发展后继无力的局面，这是部分地方政府在今后的发展政策中必须加以注意的地方。

国内除了安邦咨询外，致力于提升城市生活的智库还有很多，2013年9月成立于北京的千人智库也是其中之一。千人智库是基于大数据的电子咨询产业，集项目、资金、人才、市场为一体的综合咨询服务平台，致力于使用信息化手段整合智库资源，以专业化的研究和分析，为各类客户提供独立见解的智力支持，被称为"国内第一民间智库"。

千人智库分析了我国城市生活垃圾的处理处置现状、存在问题并提出建议。我国虽然在城市垃圾处理处置方面投入了大量财力，取得了一定的成效，但是垃圾处理处置形势依然十分严峻，处理处置不当，存在着严重的二次污染的风险。面对我国目前有限的环境容量，如何在降低垃圾对环境的污染的同时，有效回收垃圾中富含的能源、生物质等资源物质，是我国垃圾处理领域面临的机遇和挑战。

千人智库认为，利用我国巨大的环境和市场需求，通过技术创新，完全可以实现跨越式发展。具体包括 5 点建议：一是明确垃圾处理处置，源头减量的发展方向；二是加强政府部门的协调，完善规范和标准；三是完善垃圾处理处置产业化政策；四是积极鼓励垃圾资源化回收利用的发展趋势；五是加大城市垃圾处理处置领域的科研投入，鼓励新技术的开发和示范。

另外，2014 年 5 月成立的山东临沂大学智慧城市研究院，标志着构建智慧、绿色、可持续发展的临沂，新添权威"智库"。所谓智慧城市，就是信息化与城市化的高度融合，是城市信息化向更高阶段发展的表现，终极表现为人类拥有更美好的城市生活。

临沂大学智慧城市研究院设立智慧商贸研究室、智慧物流研究室以及智慧农业研究室，细化研究项目，服务于各项经济建设。其科研成果将主要应用于智慧产业、智慧管理和智慧民生等重大领域，涵盖智慧物流、智慧制造业、信息产业和智能能源，并惠及医疗、社区、食药安全和教育的"智慧化"建设。

临沂大学智慧城市研究院肩负着重要使命，不仅要引进、培养科研人才，为智慧临沂输送智力，而且作为市政府决策的智囊机构，为建设智慧的、绿色的、可持续发展的临沂出谋划策。在坚持产学研相结合的同时，争取将更多科技成果转化为生产力，服务于民生的改善和临沂的发展。

第五章　第五个现代化中的核心智库

　　"推进国家治理体系和治理能力现代化"，是国家主席习近平设定的国家发展总体战略目标，并于2013年在十八届三中全会提出的，被媒体称为继"四个现代化"之后的"第五个现代化"。在这一思想指引下，核心智库将致力于提高国家决策的科学化、民主化、法治化水平；扩大人民群众政治参与的渠道，实现协商民主的多样化；为国家发展和社会进步储备人才、创新思想、提供信息等，从而释放中国法治魅力。

第一节　核心智库对治理体系的构建作用

> 国无常治，又无常乱。法令行则国治，法令弛则国乱。
> ——王符《潜夫论·述赦》

　　王符是东汉时期著名的政论家、文学家、进步思想家，其所著《潜夫论》共36篇，多数是讨论治国安民之术的政论文章，少数也涉及哲学问题。这几句大意是：国家不会有永久的太平，也不会有永久的混乱。法令能够执行，国家就能得到治理；法令废弛，国家就会出现动乱。这几句强调了依法治国的重要。

事实上，依法治国是自有阶级社会以来最重要的政治现象之一，而一个国家的治理体系和治理能力历来是个大问题。

在新的历史条件下，核心智库如何在国家治理体系中发挥应有的构建作用？对此，国务院发展研究中心主任、研究员李伟，在2014年9月举行的首届"国研智库论坛2014"上，发表题为《建设中国特色新型智库，推进国家治理现代化》的主旨演讲，很好地回答了这个问题。

李伟认为，中国特色新型智库建设是国家治理现代化的重要组成部分，推进国家治理现代化需要建设中国特色新型智库。他说，智库作为现代国家治理体系的重要组成部分，新形势下推进中国特色新型智库建设，需要全面准确地理解国家治理体系和治理能力现代化的内涵。

如何全面准确理解中国国家治理现代化的深刻内涵？李伟说，十八届三中全会决定明确指出，全面深化改革的总目标是完善和发展中国特色社会主义制度，推进国家治理体系和治理能力现代化。他认为，智库在实现我国国家治理现代化过程中要发挥重要作用，包括4个方面：资政辅政，启迪民智，平衡分歧，聚贤荐才。同时，在推进国家治理体系和治理能力现代化进程中，中国的智库不但需要对中国特色社会主义道路进行理论总结，为进一步坚定不移地走中国特色社会主义道路提供理论自信的依据；更为重要的是，需要对占全球1/5人口的中国实现现代化所面临的独特国家治理问题进行系统性、前瞻性研究，为党中央和国务院推动国家治理现代化的决策提供支持。

对于探索中国特色新型智库发展之路，推进国家治理体系和治理能力现代化，李伟说，中国特色新型智库建设要持续深入研究中国国家治理现代化所面临的现实问题，探求推进中国国家治理现代化的理论创新和政策设计。他就此提出了3点看法：一是推进国家治理体系和治理能力的现代化，必须坚持党的领导、人民当家做主和依法治国有机统一的根本原则；二是现阶段我国国家治理现代化的重点，应加快现代国家建构，完善国家治理的基础和提高政府效能；三是高度重视信息化对我国国家治理现代化的影响。

"国研智库论坛2014"是由国务院发展研究中心指导，中国发展出版社主办，国研文化传媒股份有限公司、中国发展观察杂志社承办。在这次论坛上，与会智库机构的代表围绕"国家治理现代化与中国特色新型智库发展"这一主题，分中央级智库、高校智库、地方及民间智库三个单元，进行了广泛、深入的探讨和交流，形成了诸多共识和共鸣。

国务院发展研究中心资环所所长高世楫，把智库看作是进行公共政策设计的机构，智库研究人员看作是政策工程师，他们利用各种知识，在给定的条件下提出解决现实问题的最优方案，而条件是因时而动、因地不同。就中国智库建设问题，高世楫提出首先要坚持一个立场，重视五个关键问题，意识到一个新的思维。所谓"一个立场"，特别是像国务院发展研究中心这样的官方智库，其研究应该是怎样使中国共产党领导人民更好地治国理政，坚持人民民主和依法治国，这是一个大前提；所谓"五个关键问题"，即法治国家建设、现代预算国家建设、公平公正的福利制度设计、政府监管、政府如何引导国家发展；所谓"一个新思维"是指，在信息化和大数据时代治国理政面临的对象和可以利用的手段不一样。这对中央和地方智库建设都给出了值得思考的框架。

中央党校经济学部主任赵振华认为，新中国成立以及改革开放以来，中国在某些方面有失误甚至有一些重大的错误，在某种程度上跟我们的智库不发达有关系，因此，智库建设需要政府重视。而对于智库本身建设来说，第一，需要"智"，智来自专家学者的学识素养，来自对实际情况的了解。第二，"库"里得有人，就是高素质、高水平的专家学者。第三，还需要良好的机制管理。第四，要有人干事，干党中央需要关注的事，并提出自己超前的观点。

国家行政学院教授许正中提出，智库的研究基点是战略，人类进入快速叠加的时代，战略认知和战略定位至关重要。在下一代卫星互联网时代来临之际，全球化3.0版，是中国战略机遇期面临的最大变化，构成我们的战略背景。全面的信息认知和战略战术双赢是战略的基点，制度、规则、概念的巧实力是战略的交汇点，而巧实力支点的寻找是最重要的。同时，中国必须为即将到来的全球化4.0时代未雨绸缪，重新定义其对外利益交换的格局、可行的策略、适当的贡献和提供具有感召力的理念。

中国发展研究基金会秘书长卢迈说，要建立一流智库，其定位不应是国内智库之间的竞争，而是要着眼于打造世界一流智库，在国内对政府决策有影响，在国际上享有应有的学术地位，产生国际影响力。智库想成功，第一，应该与政府既有联系又保留自己相对独立的地位，不光是给政府政策做注解，还要有自己的判断，给政府提出多种政策选择。第二，要有很好的人才储备。第三，具有很高学术声誉的领导人。第四，要有稳定丰富的资金来源。此外，影响政府决策的途径也是智库应该研究的问题。

清华大学公共管理学院院长薛澜认为，关注智库的发展，就应该关心智库的生长环境和生长氛围，尤其是政策市场基础设施建设和生态环境的培育。第一，国家运行的基础数据应更加开放、及时、全面地与社会共享，打破政策研究上数据资源的垄断。第二，建立有效的智库治理和规制。如果没有有效的资助体系，智库本身就会带有某种偏向性，或者成为某种资助方的代言人，避免这种现象最有效的方式就是公开透明。第三，建立多元化政策沟通渠道，尤其是应考虑怎样把社会上各种政策研究、建议进行有效收集、综合整理。第四，提高政府和社会的宽容度，容忍不同的观点、建议，这是智库健康发展的重要因素。第五，建立合理的智库资助体系。此外，建立一个健康的、生机勃勃的政策研究市场，让不同的分析结论、不同的政策建议互相竞争，在一个合理的理性讨论、辩论机制下，让市场进行筛选，从而减少政策执行的偏差和决策失误的可能。

北京师范大学新兴市场研究院院长胡必亮说，美国大学是很重要的智库力量，中国需要创造条件让大学智库建设走向健康发展的道路。第一，政府一定要公开信息，否则大学的很多研究工作就是白做。第二，一定要让有能力的人自由地在商界、政界、学界间自由流动。第三，建立各种不同的实践基地，包括到农村的、国外的基地，为教授进行研究创造条件。第四，大学一定要有自主权。第五，逐步建立一个智库市场，让官方智库和民间智库协同发展。

国务院发展研究中心副主任韩俊总结出的9点共识，可谓是我国官方智库、半官方智库、大学智库、民间智库发展的指南：第一，中国智库的发展要重视战略层面问题的研究，增强战略谋划能力。第二，作为智库，要加强自身的能力建设，增强服务决策的能力，同时政府也要创造更多条件，让官方智库、民间智库有更多机会、有更多通道来服务国家决策。第三，作为智库绝对不要去说一些空话、大话，更不能说假话，要讲真话。第四，智库之间需要加强交流与合作。第五，中国智库的发展需要有高水平的人才支撑。建立人才储备，特别是通过"旋转门"制度让很多社会精英到智库来工作，为政府储备更多的优秀人才，这是国际上智库发展的成功经验，我们也需要借鉴。第六，智库要创新、建立多元化筹资机制，为更多的社会资本、民间资本支持智库发展创造更宽松的政策环境。第七，应该重视中国大学智库和民间智库的发展，要为大学智库和民间智库发挥应有的作用创造更多的平台，创造更宽松的环境。第八，完善智库评价体系。第九，中国智库要走向世界，参与全球治理的研究，增强话语权和影响力，为增强国家的软实力作出贡献。

第二节　核心智库对领导治理能力的提升

领导者的责任，归纳起来，主要是出主意、用干部两件事。

——毛泽东

很多管理者都知道毛泽东的这一至理名言，可见领导决策和知人善用对一个成功领导者的重要性。做对决策和用对人是领导治理能力的一个方面，在当今中国走向经济发展和人口、资源、环境相协调，追求共同富裕、社会公正与和谐的伟大时代，领导治理能力的提升显得尤为必要。中国改革开放总设计师邓小平的"我的抓法就是抓头头，抓方针"，我国著名企业家柳传志的"企业管理者要做三件事：搭班子、定战略、带队伍"，都体现了领导治理能力中谋断能力和决策水平的高低，对一个国家对一个企业的祸福相依。

毛泽东在 1959 年 3 月的郑州会议上，曾比较三国时期几个主要政治集团的核心人物在这个问题上的差别，认为曹操多谋善断，最厉害；刘备也很厉害，却稍逊一筹，"事情出来了，不能一眼看出就抓到，慢一点"；袁绍则根本就是"见事迟，得计迟"，属于不称职的领导。毛泽东还曾举了蒋介石在辽沈战役中的一个例子。他说："蒋介石就是见事迟，得计迟。形势已经出来了，他还没有看见，等到看见了又不好得计。比如辽沈战役时他对卫立煌的部队，总是犹豫不决，最后才下决心，强迫他去热河、到北平。如果早一点，我们围攻锦州的炮一响就让他马上走，我们就没有办法，只能切他一个尾巴。如果在我们还没有打锦州时，就把沈阳、锦州统统放弃，集中于平津，跟傅作义搞在一起，我们也不太好办。"这个评点，符合辽沈战役的战场实际，更指出了国共双方统帅的决策快慢和战略前瞻之别。

国家治理体系是由制度体系、能力体系和价值体系构成的一个大系统。制度体系是指一整套治国理政的制度集合，这是国家治理体系的"体"；能力体系是指对这一整套制度集合进行运用的能力，这是国家治理体系的"用"；价值体系是指运用制度体系治理国家需要有特定的价值观念引领方向，这是国家治理体系的"道"。制度体系、能力体系和价值体系三者环环相扣，缺一不可。而国家治理能力体系的关键与核心则在于领导的治理能力。在这里，核心智库对领导治理能力的提升应该发挥助推作用。

事实上，领导治理能力强调领导思维，注重在做出决策的过程中要打开空间，跳出地域、环境、条件、利益局限，打开胸襟、拓宽眼界，全面地看待所面临的机遇和挑战，在更广阔的平台上规划事业、谋求发展，做出决策决断。这是一种"全脑思维"，它不仅包括在"策"的过程中灵活利用定量、逻辑等"左脑"思维，在"决"的过程中充分利用综合分析、形象艺术等"右脑"思维，更包括充分运用好决策咨询专家、智库和广大人民群众、利益相关方的"外脑"以及互联网时代背景下对于网络计算机的有效利用。在这方面，核心智库举办的各类领导力培训班具有现实意义。

新加坡的领导人才培训模式，是其动态治理框架的一个有机组成部分。目前新加坡领导人才培训模式的主要特点是：培训目标全面化，既提高领导能力，也塑造价值观；培训内容制度化，既尊重个人需求，也满足组织要求；培训机构多元化，既发挥公共服务学院的主阵地作用，也让其他培训机构参与；培训方式多样化，既有课堂教学，也有考察、讨论、挂职等。

新加坡的这些经验和做法，对提高我国党政领导干部最重要的启示就是，教育培训应该围绕提高领导干部的公共治理能力、增进我国公共治理水平和绩效来开展，特别要重视增进领导干部的动态治理能力，以适应日新月异的国内外形势的发展需要。

总之，核心智库应该积极参政议政，为领导决策献计献言，为城镇化建设出谋划策，充分发挥以人文价值为导向的正面作用。

第三节　建立健全第三方独立评价机制

家贫志不移，贪读如饥渴。划粥僧舍中，学问得渊博。

——龚自珍

　　龚自珍是清代思想家、文学家和改良主义的先驱者，他赞誉北宋著名思想家、政治家、军事家、文学家范仲淹在困苦人生逆境中"划粥而食"，坚持理想的心志，于是作诗明志，并予范仲淹以公允、客观的评价。古人的许多文化精粹和精神宝藏值得现代人借鉴，其中公允评价的精神和做法，也应该为现代作为"第三方"的核心智库所借鉴。

　　第三方是指两个相互联系的主体之外的某个客体，它可以和两个主体有联系，也可以是独立于两个主体之外，是具有一定公正性的第三主体。在建设"第五个现代化"过程中，核心智库要建立健全第三方独立评价机制，确保党委政府执政理政的公平、公正，避免纠纷和不应有的决策错误和损失。

　　国内智库发展相对于国外相对滞后，特别是自主型的独立的民间智库更是缺乏和滞后。官方智库应该说数量不少，规模也不小，人才的数量也相当可观，主要分布在各级党委、政府部门或者事业单位。这些官方智库的经费来源是靠财政的拨款，内部主要是实行比较行政化的管理，相形之下缺乏独立性和市场化的运行机制，不能完全适应科学执政和形势发展的需要。

号称"全球第一智库"的美国布鲁金斯学会的定位是高质量、独立性和影响力。其中，独立性是美国智库最核心的原则底线。所谓"独立性"体现在研究成果上，要努力做到基于事实来说明问题，不被政治所左右，超越政党之争。那么，中国核心智库如何建立健全第三方独立评价机制呢？

按照世界著名智库美国兰德公司创始人弗兰克·科尔博莫的定义：智库就是一个"思想工厂"，一个没有学生的大学，一个有着明确目标和坚定追求却又无拘无束、异想天开的"头脑风暴"中心，也是一个敢于超越一切现有智慧、敢于挑战和蔑视现有权威的"战略思想中心"。因此，现代意义上的智库主要以专业、客观、独立的方式提出公共政策主张，帮助决策者制定和推行政策，并就有关政策进行论证、评估。

独立性是智库影响力、公信力的基础。智库的任务不是注释政策，而是理性地分析和判断，是用高质量、专业化的研究成果影响决策，让政策更加合理。综合来看，独立地、专业地从事公共政策或者更广义的政治经济社会研究，以促进当前或长远政治决策的科学性与公正性，是现代智库的主要含义，而这样的政策研究组织对一个国家来说是非常重要的。

我国各级政府部门内部的政策研究机构，在"知情"方面有独特的优势，掌握大量与政策相关的信息资源，熟悉政策制定的关键所在，符合主流思想，其意见和建议容易被纳入决策程序。但这些研究机构置身于行政科层结构中，通常会过滤社会中多样化的意见和诉求，强化行政体系内部的政策设想，导致某些政策缺乏足够的公共性。

从我国基本国情看，智库的独立性不能用国外智库"组织独立、经费独立、价值中立"来衡量，并不是一定从组织体系上独立于党和政府，而是从系统的开放性、研究的专业性和创新精神方面彰显智库的思维独立性，这样其研究成果对于党政机关决策才真正具有参考和咨询价值。需构建多层次的政策研究系统，在充分发挥现有政策研究机构作用的同时，重视依托高校、科研院所的政策研究组织的建设，并积极鼓励民间智库发展，突破信息在行政系统内部的自我循环，将更大范围精英的见识和民众的意见纳入决策过程，以增进社会共识。同时，关注现实需要，从发展中的实际问题出发去做研究，而非主要致力于指定课题的研究和政策性的解释，逐步减少智库对体制的"内生依附性"。

建立健全第三方独立评价机制，是人文主义价值主导的核心智库的必然之路，更是建设中国特色新型智库的重要举措。独立评价机制的建立与运行，除了确保智库成果立场的独立性外，更是确保公共政策决策、施政理念创新的安全扣，它从决策根性和决策结果上进行评估和评价。一是在实施决策前对决策风险和成本系数进行评估和修正，二是对决策施行后的正影响、正成果或负影响、负成果进行科学评价。这既有利于推动核心智库体系的建设和完善，也有利于经济社会的和谐良性发展。

从近两年的发展情况来看，中国核心智库整个的发展态势正在发生一些深刻的改变，我们说深化改革，核心智库的独立评价机制必将逐步建立和完善起来。

第四节　市场资源配置中的优化聚合力量

> 今以君之下驷与彼上驷，取君上驷与彼中驷，取君中驷与彼下驷。
>
> ——《史记·孙子吴起列传第五》

战国时期，齐国将军田忌经常与齐国众公子赛马，设重金赌注。著名军事家孙膑发现他们的马脚力都差不多，马分为上、中、下三等，于是对田忌说："现在用您的下等马对付他们的上等马，拿您的上等马对付他们的中等马，拿您的中等马对付他们的下等马。"结果田忌三局两胜，最终赢得了千金赌注。用现在的观点分析孙膑之计，其奥妙在于充分对己方资源进行优化配置，充分发挥资源优势，从而使田忌在竞技中获胜。这种资源优化配置策略，对于核心智库参与"第五个现代化"建设颇有借鉴意义。

"第五个现代化"是现代化视野下的概念，它强调"国家治理"而非"国家统治"，强调"社会治理"而非"社会管理"，这是一种思想观念的变化。深化改革的推进对建设高质量智库提出了新的要求。核心智库要充分发挥市场资源配置中的优化聚合力量，以经济和社会的可持续发展为前提，服务于党和政府科学决策，破解发展难题，提升国家软实力，推进国家治理体系和治理能力现代化。

作为经济发展的基本条件和表现形式，市场资源配置中的优化聚合是指为最大限度地减少宏观经济浪费和现实社会福利最大化，而对市场资源进行有机组合。正如习近平总书记在 2014 年 10 月召开的中央全面深化改革领导小组第六次会议上所指出的那样："必须善于集中各方面智慧、凝聚最广泛力量。改革发展任务越是艰巨繁重，越需要强大的智力支持。"

市场资源配置中的优化聚合，其遵循的原则是：适应性原则；最大节约原则；适度超前原则；渐进发展原则；因地制宜原则。在这方面，"智库在线"的做法值得借鉴。

"智库在线"凭借多年的行业研究经验，总结出完整的产业研究方法，建立了完善的产业研究体系，提供研究覆盖面最为广泛、数据资源最为强大、市场研究最为深刻的行业研究报告系列。报告在公司多年研究结论的基础上，结合中国行业市场的发展现状，通过公司资深研究团队对市场各类资讯进行整理分析，并且依托国家权威数据资源和长期市场监测的智库在线数据库，进行全面、细致的研究，是中国市场上最权威、有效的研究产品。

2014 年 10 月出版的《2014—2018 年中国乙烯聚合物油漆及清漆市场深度调查及投资前景分析报告》由智库在线咨询公司北京智道顾问有限责任公司撰写，在大量周密的市场调研基础上，主要依据国家统计局、国家商务部、国家发改委、国家经济信息中心、国务院发展研究中心、国家海关总署、全国商业信息中心、中国经济景气监测中心、智库在线、国内外相关报刊及杂志的基础信息以及乙烯聚合物油漆及清漆专业研究单位等公布和提供的大量资料，对我国乙烯聚合物油漆及清漆行业作了详尽深入的分析，为乙烯聚合物油漆及清漆产业投资者寻找新的投资机会。本研究咨询报告可以帮助投资者合理分析行业的市场现状，为投资者进行投资做出行业前景预判，挖掘投资价值，同时提出行业投资策略、生产策略、营销策略等方面的建议，显示了"智库在线"在市场资源配置中的优化聚合力量。

第三部分

人文价值为核心的规划

第六章　人文价值的核心规划

文化分两个类层，一是人的文化，即人类进化过程中积淀的一切优秀的物质财富和精神财富的总和。马克思对此有论断："人的本质是一切社会关系的总和。"人是文化的宗旨和根本。二是自然的文化，即从人尊重自然并利用自然继而发展到人与自然和谐的文化。两个类层的文化相互影响与融合，形成了今天的文化大观园。

城市作为人类的栖居空间，是文化产生、传播、繁荣的载体和源泉，其成长的过程就是人类文明发展的活化石，人文思想和精神贯穿于城市的兴衰演变全过程。因此，一个城市只有重视人文价值，才能得以健康有序地发展。核心智库旨在通过梳理、挖掘、整合、保存、传扬、创新，充分发挥人文价值在城市规划中的作用。

第一节　人文价值核心规划概论

> 天地有大美而不言，四时有明法而不议，万物有成理而不说。圣人者，原天地之美而达万物之理。是故至人无为，大圣不作，观于天地之谓也。
>
> ——《庄子·外篇·知北游》

庄子是道教思想的代表人物，他认为，天地具有伟大的美但却无法用言语表达，四时运行具有显明的规律但却无法加以评议，万物的变化具有现成的规则但却用不着加以谈论。圣哲的人，探究天地伟大的美而通晓万物生长的道理，所以"至人"顺应自然无所作为，"大圣"也不会妄加行动，这是说对于天地进行深入细致的观察。

这段话说明了道家的一个深奥哲理，即无知之知；表述了一种方法论，即探究万物而顺应自然；体现了中国传统文化中尊重自然的"人文"思想。如果把核心智库比作"大圣"，那么在对现代城市进行规划时，核心智库就应该以人文价值标准判断城市规划的发展方向，以人文价值中的真、善、美为追求的目标，宗旨是以人为本、以文为质、以和为度，把握城市发展的变化规律，提高整合能力，从而驾驭科学规划城市的技能和规划的可操作性，提升城市整体的内在品质和文化内涵。

城市作为人类的栖居空间，是文化产生、传播、繁荣的载体和源泉，其成长的过程就是人类文明发展的活化石，人文思想和精神贯穿于城市的兴衰演变全过程。在经济快速发展的今天，社会生活中普遍存在忽视人文需求的倾向。在城市规划建设领域较多地滋长浮躁情绪，急功近利，过分追求物质空间的功能利益和形式主义。轻视人文精神建设，缺乏人文关怀和以人为本的思想，造成传统文化迷失，资源过度消耗，生态环境污染，城市形象世俗化，空间雷同，风貌特色丧失，严重地制约了我国城市的健康和谐持续发展。一些城市为加快城市发展，集中力量搞城市"经营"，将有限的城市资源，如土地、公共基础设施或其他资源投入市场来筹措建设资金，而对城市丰富的人文资源的潜在价值认识不足，其实这是一个很大的决策失误。针对这些顽疾，核心智库必须在城市规划中融入人文主义价值观，体现人文的艺术审美情境和城市传统空间神韵，坚决杜绝片面、孤立的规划理论、方法和实践。人文精神的永恒底蕴需在城市规划理论和实践中不断认识、总结和提升。

关于以人文价值为核心进行城市规划，在世界范围内已经成为了人类的共识。美国科学院院士、儒学大师杜维明教授曾经说："面向21世纪，任何一个人类群体如果要进一步地发展，它就应该掌握各种不同的资源。除了经济资本之外，还应该发展社会资本；除了科学和科技的能力之外，还应该发展文化能力；除了智商之外，还应该发展伦理；除了物资条件之外，还应该发展精神价值。"

以人文价值为核心进行城市规划的理念，其实早在70年前就被欧洲提及并被予以重视。1933年8月在雅典举行的国际现代建筑协会第四次会议上通过的《城市规划大纲》，即后来被称作20世纪城市规划学科发展史上重要的纲领性文件之一的《雅典宪章》，就提出了城市功能分区与以人为本的思想。《雅典宪章》认为，居住问题主要是人口密度过大、缺乏空地及绿化；生活环境质量差；房屋沿街建造，影响居住安静，日照不足；公共设施太少而且分布不合理等。建议住宅区要有绿带与交通道路隔离，不同的地段采用不同的人口密度标准。工作问题主要是由于工作地点在城市中无计划的布置，远离居住区，并因此造成了过分拥挤而集中的人流交通。建议有计划地确定工业与居住的关系。游憩问题主要是大城市缺乏空地。指出城市绿地面积少而且位置不适中，无益于居住条件的改善。建议新建的居住区要多保留空地，增辟旧区绿地，降低旧区的人口密度，并在市郊保留良好的风景地带。交通问题主要是城市道路大多是旧时代留下来的，宽度不够，交叉口过多，未能按照功能进行分类，并认为局部放宽、改造道路并不能解决问题。建议从整个道路系统的规划入手，按照车辆的行驶速度进行功能分类。另外，《雅典宪章》还指出，办公楼、商业服务、文化娱乐设施等过分集中，也是交通拥挤的重要原因。

《雅典宪章》还提到城市发展的过程中应该保留名胜古迹以及历史建筑，并指出城市的种种矛盾是由大工业生产方式的变化和土地私有而引起的。城市应按全市人民的意志规划，其步骤为：在区域规划基础上，按居住、工作等进行分区及平衡后，建立三者联系的交通网，并强调居住为城市主要因素。城市规划是一个三度空间科学，应考虑立体空间，并以国家法律的形式保证规划的实现。

《雅典宪章》是世界近代城市规划发展的历史性总结，是城市规划理论发展史上的里程碑。它的基本精神是重视现代城市的功能，它把城市规划从单纯的空间艺术构图中解脱出来，置于科学的基础上。《雅典宪章》所阐明的人文思想及其对现代城市规划所提出的许多具体原则，在以后几十年世界各国的规划和建筑实践中起着重要的作用。

在《雅典宪章》后，随着城市、社会生产力的发展，城市的复杂性越来越明显。20 世纪 70 年代后期，国际建协鉴于当时世界城市化趋势和城市规划过程中出现的新内容，于 1977 年在秘鲁的利马召开了国际性的学术会议。与会的建筑师、规划师和有关官员以《雅典宪章》为出发点，总结了近半个世纪以来尤其是第二次世界大战以后的城市发展和城市规划思想、理论和方法的演变，展望了城市规划进一步发展的方向，最后签署了《马丘比丘宪章》。

《马丘比丘宪章》并不是对《雅典宪章》的完全否定，而是对它的批判、继承和发展。它更强调了人与人之间的相互关系，并将之视为城市规划的基本任务。强调城市是一个动态的系统，城市规划师必须把城市看作为在连续发展与变化过程中的一个结构体系，提出了动态规划的概念。强调规划的公众参与——不同的人和不同的群体具有不同的价值观，规划师要表达不同的价值判断并为不同的利益团体提供技术帮助。其中有一句话给后来者留下了深刻的印象，"人民的建筑是没有建筑师的建筑"。《马丘比丘宪章》较《雅典宪章》而言，更具有一种亲和力，它把人、社会、自然紧密联系起来进行考虑，注重人文和城市空间的人性化，透过《马丘比丘宪章》，我们看到人们对创造宜人城市的一种企盼。

亚里士多德说："人们为了活着，聚集于城市，为了活得更好居留于城市。"德国著名的哲学家、文学家斯宾格勒说："只有作为整体、作为一种人类住处，城市才有意义。"无论是哲学家，还是建筑师，他们的话都表明了城市首先是人类的一种最主要的居住形态和生存空间。自城市诞生以来，城市规划就自然地遵从于这个原理。从《雅典宪章》到《马丘比丘宪章》，无不表达了人类对城市这一生存空间在人文关怀和文化精神的期盼与追求。

第二节　规划中如何融入人文核心价值

匠人营国，方九里，旁三门，国中九经九纬，经涂九轨。左祖右社，前朝后市，市朝一夫。

——《考工记》

《考工记》是中国历史上第一部工科巨著，是我国古代城市规划理论中最早、最权威、最具影响力的一部著作，成书于春秋战国时期。这段话是《考工记》里面的精华。所谓"营国"，即是建城。通俗地解释为：都城九里见方，每边辟三门，纵横各九条道路，南北道路宽九条车轨，东面为祖庙，西面为社稷坛，前面是朝廷宫室，后面是市场与居民区。反映出中国早期的王城布局和都城设计制度，凝结着浓浓的科技人文关照情结，其创新之处正在于它把自然、科学、文化、生命真正有机地贯通起来，实现了科技生活的人文复归，避免了人与自然的对立而导致的人类生存环境恶化的后果。古人的这种科技人文关照情结，对于现代城市规划如何融入人文核心价值具有重要的启示意义。

中国西部规划研究院、云南西部智库规划研究院编制的《昭通盐津县豆沙镇旅游开发控制性规划（2011—2020）》（以下简称《规划》），堪称这方面的经典案例。

豆沙关古称石门关，豆沙镇位于盐津县境内西南部关河南北两岸，是云南其他各地进入盐津县的第一关，也是古时由蜀入滇的第一道险关。已有2200多年历史的豆沙古镇历史悠久，文化底蕴深厚，旅游资源丰富，境内有五尺道、石门关、唐袁滋题记摩崖、古城堡、僰人悬棺等历史、文化古迹和观音阁、三观楼、僰人回音、天外飞泉、老君祝福等自然、人文景观，拥有国家级重点文物保护单位、省级历史文化名镇、省级风景名胜区、省级特色旅游城镇、省级爱国主义教育基地五顶"桂冠"。由于区位突出，地形特殊，先秦的僰道、秦朝的五尺道、汉代的南夷道、隋唐的石门道、南方丝绸古路，一齐在这里交叉重叠；古老的关河水路、秦开五尺古道和现代的滇川公路、内昆铁路、水麻高速公路在这里束集并行，构成了独特的交通奇观，被称为天然的"中国交通历史博物馆"。豆沙古镇已成为滇川跨境旅游线上一颗璀璨明珠。

盐津县豆沙古镇资源丰富、历史人文内涵深厚，但目前在全省乃至全国的排名都较低，亟待寻求新的发展方向及制定新的发展战略。在规划编制前期，编制单位就组建了以院长徐守东为组长，规划师马建泽、王策、黄兴华、吕静、梁艳、杨云为成员的规划设计项目组，对豆沙古镇现状进行了全面细致的现场踏勘、调研、座谈与分析。发放上千份游客调查问卷和商铺调查问卷，组织3场以上80岁以上老人访谈、县级职能部门及文化界人士座谈会、豆沙镇政府座谈会，收集、挖掘、整理出了豆沙古镇大量丰富翔实的现存、已消失、濒临消失的物质和非物质文化第一手资料。在此基础上对古镇自然环境、人文历史、地理区位、交通区位、经济区位、旅游区位和社会经济进行科学分析，通过一系列扎实有效的工作，提炼出了豆沙古镇现状的综合结论。如图1所示。

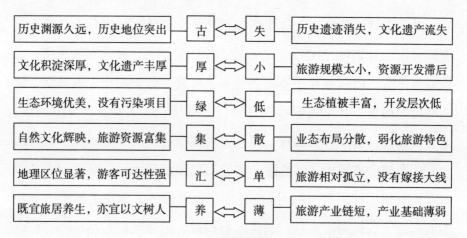

历史渊源久远，历史地位突出	古 ⇔ 失	历史遗迹消失，文化遗产流失
文化积淀深厚，文化遗产丰厚	厚 ⇔ 小	旅游规模太小，资源开发滞后
生态环境优美，没有污染项目	绿 ⇔ 低	生态植被丰富，开发层次低
自然文化辉映，旅游资源富集	集 ⇔ 散	业态布局分散，弱化旅游特色
地理区位显著，游客可达性强	汇 ⇔ 单	旅游相对孤立，没有嫁接大线
既宜旅居养生，亦宜以文树人	养 ⇔ 薄	旅游产业链短，产业基础薄弱

图 1　豆沙古镇现状汇总

　　豆沙古镇文化是中国西南地区最悠久、最早对外开放、最具民族与区域文化持续融合力、最具国际影响力的关隘文化和泛关隘文化的总成和主轴，是中国自古以来持续对外开放过程中本土文化、区域文化、外来文化不断融合共生的结晶，是中华民族多样性文化的重要组成部分。豆沙古镇经历"文革"、改革开放和地震后，古老的建筑群、具有极高文化价值的历史遗迹、反映古代关隘城市特色的布局结构、独特的宗教文化形态、五尺道文化烙印的民俗节庆、极具关河韵味的古渡号子、精巧实用的各类手工艺等，或遭破坏、或遭摒弃、或自行消失、或残缺不全、或正在被吞噬。失去了豆沙古镇文化，中国西南边疆演变史、民族融合史、文化发展史、疆域拓展史、南方丝绸之路史都将形成巨大的残缺和损失。

　　历史不能失去豆沙古镇文化，通过本次规划要让消失的复活、残缺的恢复、现存的保护。对特色景观及历史文化遗迹、文物、建筑，极具特色的自然地貌、人文景观，严格按照文物保护法和有关法规认真保护，以增加风景区人文景观及自然景观的层次及吸引力。在对物质类文化遗产和非物质类文化遗产保护项目进行汇总后，制定了豆沙古镇物质与非物质文化遗产的保护策略。如图2所示。

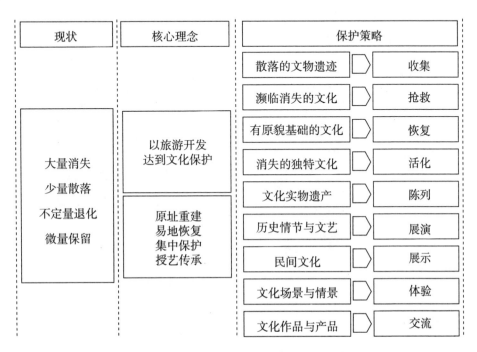

图2　豆沙古镇物质与非物质文化遗产保护策略

全面梳理出豆沙古镇的经济、历史、文化、民俗以及自然等资源禀赋，确立文化及资源保护策略后，导入人文主义价值观为规划核心的理念，制定古镇保护与开发的模型，贯穿整个规划过程。如图3所示。

基于在保护的基础上进行旅游开发的规划理念，在传统旅游六要素（吃、住、行、游、购、娱）的功能上，提出了一些新的旅游要素，如"商""养""闲"等结合资源特质和市场需求的理念要素和项目开发，形成属于豆沙古镇自己的旅游开发模型。

事实证明，这样的理念和规划是可行的，3年后，国家旅游局局

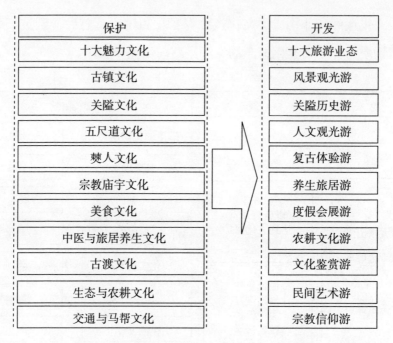

保护	开发
十大魅力文化	十大旅游业态
古镇文化	风景观光游
关隘文化	关隘历史游
五尺道文化	人文观光游
僰人文化	复古体验游
宗教庙宇文化	养生旅居游
美食文化	度假会展游
中医与旅居养生文化	农耕文化游
古渡文化	文化鉴赏游
生态与农耕文化	民间艺术游
交通与马帮文化	宗教信仰游

图3 豆沙古镇对于文化遗产的保护与开发模型

长李金早在 2015 年全国旅游工作会议上，提出了新的旅游六要素：商、养、学、闲、情、奇。传统旅游的六要素为旅游基本要素，新的六要素为旅游发展要素或拓展要素。

在确立了保护和开发的各自任务之后，豆沙古镇旅游开发控制性规划进入了规划主体内容，内容包括空间布局规划、功能分区规划、游客容量及规模预算、保护与开发规划、专项规划、土地利用协调规划、环境设计及开放控制规划等。总体思路是力求与自然环境融为一体，使各功能区功能明确，便于旅游的组织，并能根据总体要求及自然条件，形成风格独特的功能规划区；各区间通过道路系统有机连接，功能互为补充；追寻豆沙关当地的历史发展演变轨迹，组织旅游线路和功能片区的衔接，并确立了"一轴两翼九区"的空间结构。"一

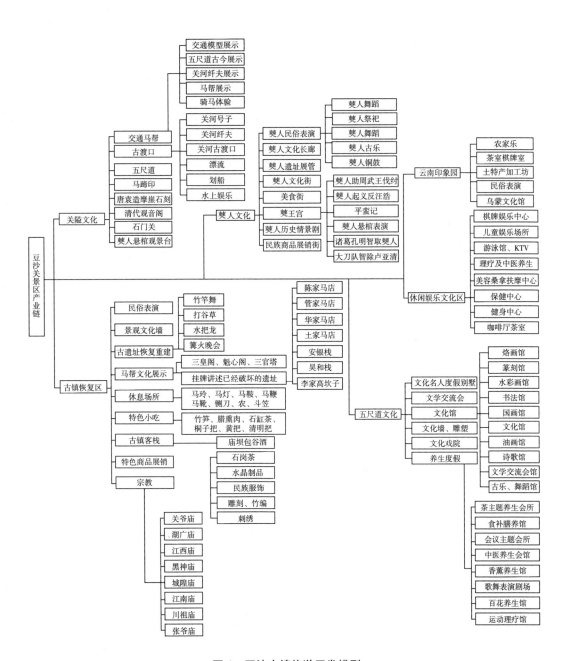

图4 豆沙古镇旅游开发模型

轴"，即以流经风景区中部的关河作为景区发展的主轴，将豆沙关风景区划分为南北两个板块，既分割又通过关河古渡和景区道路系统有机地将两个板块联系起来。"两翼"，即以豆沙古镇和豆沙关五尺道为核心景点，带动其他景点开发形成景区的北部发展翼；以僰人古镇为核心景点带动，其他景点开发形成景区南部发展翼。"九区"，即景区在一轴两翼的大空间框架下，规划出九个空间片区，分别为综合服务区、古镇文化区、关隘文化区、僰人文化区、度假养生文化区、生态保育区、行政教育区、宗教文化区、居民生活及农耕文化区。

规划中具体如何体现人文价值为核心的规划的灵魂？如何通过人文主义规划展现古镇独具一格的旅游文化特质？我们来看看该规划中"僰人文化区"的文化保护与旅游开发，即可窥一斑而见全豹。

文化保护：恢复全景式再现神秘的僰人生活和精神世界。

旅游开发：借僰人文化发展旅游购物、文化体验，以特色吸引力留客。

（1）位置

位于景区南部，豆沙古镇正对面。

（2）文化保护与恢复项目

①保护僰人的文化，岩画、饮食、舞蹈、节日、祭祀、悬棺等；恢复集僰人的建筑、王宫、工艺品、服饰、舞蹈表演等的僰人古镇。

②打造僰人大型实景剧场，再现牧野之战、僰国封侯、僰人舞蹈、僰人杂技、僰人古乐、僰人祭祀、平蛮十二战、僰人消失等历史场景。

③恢复展示弯刀舞、攀崖舞、鼓舞、部落篝火舞、对歌、僰人杂耍、神歌、丧歌、连枪、清音、酒歌。

④恢复展示蜡染、刺绣、织布、木工、打铁、篾匠、裁缝等手工艺；恢复展示头饰、耳饰、胸饰、衣饰、闺饰、嫁妆等服饰文化；恢复展示长命锁、兔儿帽、狗头帽、虎头鞋、虎头枕等幼儿成长文化。

⑤用文化墙、雕塑、绘画等形式恢复展示僰人舞蹈、体操、杂技、刑术、击剑、赛骑、踢毽、球戏、钓鱼、狩猎、征战和各种动物以及刀矛、车轮、日月、太极图、各种纹饰。

⑥展示白酒、烤全羊、烤鸡、杀猪饭、八大碗等饮食文化；展示剽牛、9 月 9 日赛神节、击铜鼓、镶狗牙祭大耳等僰人民俗。

（3）开发途径

利用现有地形关系，改造原有村庄形态，建设台阶式布局的僰人古镇，古镇建成以后与豆沙古镇形成两翼对景。僰人古镇主要以展示僰人文化古迹、豆沙民族商品为主。

（4）功能设置

僰人生产生活遗迹展示，僰人文化、民族工艺品展示及销售，僰人风俗、僰人历史情景剧表演等。

（5）项目设置

①僰人生产生活展示馆：挖掘僰人生产生活中所用过的锄具、炊具、服饰及历史记载文献说明等展示给游人。

②僰人文化长廊：在僰人古寨把建筑立面与景墙设计相结合，展示僰人文化。如僰人岩画，有舞蹈、体操、杂技、刑术、击剑、赛骑、踢毽、球戏、钓鱼、狩猎、征战和各种动物以及刀

矛、车轮、日月、太极图、各种纹饰图案等，构图简练，形态动人，乍看起来确是栩栩如生。

③文化表演：

A. 僰人舞蹈表演——苗汉舞又称僰人舞，是豆沙古镇所独创舞蹈，据记载为苗族芦笙舞加汉族的连枪舞合二为一，分为集体舞和二人舞，参与性极强，多在广场表演。在僰人古寨设计表演舞台，每天定时组织僰人舞表演。

B. 僰人祭祀表演——每年农历九月初九是古僰人祭天地神灵祖宗的赛神日，僰人有"杀牛祭祖"的习俗。每到这一时刻僰人都要大肆庆祝，宰杀牛羊，大摆筵席，赛神祭祖。僰人还有铜鼓开光、迎请太阳神鸟、槌牛祭祖、迎请天火、赐福狂欢和僰人祭祀舞表演等民俗仪式。在古镇恢复僰人的风俗习惯，发扬僰人文化。

C. 僰人铜鼓表演——铜鼓在僰人中象征着财富、权力和地位。僰人铜鼓文化集中表现为铜鼓的神化和铜鼓崇拜，并以岩画的形式留下了历史的记录。珙县悬棺岩画中风蚀褪色的铜鼓图案，用无声的诉说，呼唤着人们对一个古代民族过往历史的追忆。在僰人古寨恢复僰人铜鼓表演。

④僰人美食街：盐津每年都有举办美食街节日活动的习俗，盐津美食丰富，给僰人古寨建设美食街奠定了很好的基础。设置美食展厅，仿真各种美食展示给游客参观了解。结合盐津传统美食加工成商品出售，形成展示—欣赏—品尝—购买一体发展，让游客感受美色盐津中的美食。

⑤僰人历史情景剧表演：僰人助周武王伐纣，僰人起义反对巡抚汪浩，平蛮记，僰人悬棺表演，诸葛孔明智取僰人，大刀队智除

卢亚清。

⑥僰人王宫：展示僰人王召集族众商议的情景、生活环境及宫廷气势。

中国西部规划研究院、云南西部智库规划研究院编制的这一"规划"，是在规划中遵循和融入人文核心价值的重要实践，已经超越了传统意义上的物质规划。它致力于建构规划中的人文精神底蕴，确保物质形态与人文精神的高度和谐统一。

第三节　与其他规划的本质区别

刚柔交错，天文也；文明以止，人文也。观乎天文以察时变，观乎人文以化成天下。

——《易经》

"人文"一词最早出现在《易经》中的《贲卦·彖传》。其意思是说，男刚女柔，刚柔交错，这是天文，即自然；人类据此而结成一对对夫妇，又从夫妇而化成家庭，而国家，而天下，这是人文，是文化。治国家者必须观察天道自然的运行规律，以明耕作渔猎之时序；又必须把握现实社会中的人伦秩序，以明君臣、父子、夫妇、兄弟、朋友等等级关系，使人们的行为合乎文明礼仪，并由此而推及天下，以成"大化"。由此可见，所谓人文，标志着人类文明时代与野蛮时代的区别，标志着人之所以为"人"的人性。这一人文观念对转型期的中国城市规划具有重要意义。

当前中国正处在转型期的探索阶段，城市规划领域也在这一历史潮流中提出了"以人为本"的规划理念。这一说法高度概括了中国城市规划当前转型发展的方向和目标，即从以前的"以物为本"的物质规划转向"以人为本"的人文规划。

物质规划强调以物为本，就是要坚持以"物质"为本，坚定不移地坚持物质决定意识，事实上忽视了意识对物质具有的反作用。以物为本是机械地、被动地尊重客观经济规律，是机械唯物主义，它否定了人类的主观能动性，因而对人类认识世界、改造世界造成很消极的影响。相比之下，以人文价值为核心的人文规划，更能体现特色社会主义国家的价值观，凸显城市规划建设中的人文价值。这是当前以人文价值为核心的城市规划与以往其他以物为本的城市规划的本质区别所在。

在改革开放前，我国经历了几十年物质极度短缺的时代，因此社会对"物"的渴望很强烈。因此，以往的几十年，我国的规划工作呈现出明显崇拜效率的态势。这种"以物为本"的理念，以往没有遭到太多的反对。如今人们开始思考"经济发展了，我的生活质量、我的生活感受是否也提升了呢?"在这种反思面前，人们发现经济的增长与生活质量的提升，两者并没有很好地对应起来。于是，越来越多的人希望自己的生活感受得到应有的关注。

可以说，我们进入了一个新的时期——从更关注"物"的工业文明，向更关注"人"的生态文明的转变。尤其是"十八大"再次强调了这种转变。

从以物为本到以人为本，从根本上说，是社会核心价值的转变。以这种价值转变，反观我们以往的规划，问题就暴露出来了。以道路为例，我们以往在道路的规划上，体现的就是物的思想。首先道路非常宽阔，其最大受益者是汽车，可以使它快速通行，而过于宽阔的道路，给步行者的通行则带来不便。通常道路要满足 3 类通行：汽车、自行车、行人，汽车是"物"，为了更快地创造财富，本来就很狭窄的自行车道，还让出了一块供汽车使用。"人"的空间被挤压了，可供步行的街道、可供市民锻炼身体的健康跑道正逐渐消失。现在西方倡导一种理念：可步行的城市，也就是说一个以人为本的城市，应该有足够的空间供行人穿行，而且是悠然自得、饶有兴味地穿行。

新时期核心智库的以人文价值为核心的城市规划，首先表现为公共利益的需求，把城市发展的长远利益、整体利益放在首位，在规划中为各阶层参与并分享城市发展的成果提供空间载体和路径。特别是要在规划中关注低收入阶层、外来农民工阶层利益上升的通道，比如人的住房要求。长期以来流动人口在城市得到了就业岗位，但居住需求没有得到解决。以物质和技术为导向的城市规划增加了工厂用地、商业用地、政府管理用地和当地户籍人口的居住需求用地，而忽视了以农民工群体为代表的流动人口的社会性需要，导致了大量的城镇非法建筑问题和城中村问题，也是中国流动人口长期居无定所的重要原因。以人文价值为核心的城市规划，还体现在对生活性物质空间和人的生活品质的关注中。在物质规划理念的导向下，以前的规划服从于经济发展需要，较多地关注经济性基础设施，较少关注生活性基础设施，包括教育设施、公共医疗设施、体育设施、文化设施等。大部分基础设施规划与管理是按照户籍人口数量规划的，没有考虑新增流动人口的需求，由此带来大部分城市生活性基础设施短缺和过度拥挤，降低了居民生活质量。

以人文价值为核心的城市规划，要求照顾到城乡全体居民发展的诉求。《城乡规划法》已经将中国规划广泛而普遍地由城市向乡村延伸，但是总体看来，目前的乡村规划大部分是"微型城市规划"，缺乏根据乡村特点对农村的经济社会发展作总体安排，特别是普遍的就乡村论乡村，如何在统筹城乡发展的框架下去谋求农村现代化，谋求农村经济的发展和农民福利的增加，还是一个需要加强研究和关注的最大课题。

第四节　城市规划和造城运动中的人文危机

> 鲧筑城以卫君，造郭以守民，此城郭之始也。
>
> ——《吴越春秋》

《吴越春秋》是东汉学者赵晔撰写的一部记述春秋时期吴、越两国史事为主的史学著作。从现有其他史料看，我国最早城市的传说和记载中关于鲧城的记载颇多，《世本·作篇》有"鲧作城郭"；《淮南子·原道训》记有"昔者夏鲧作三仞之城，诸侯背之，海外有狡心"；《吕氏春秋·君守》有"夏鲧作城"；此外还有《吴越春秋》中的这段记载，都反映了"鲧作城"这一历史事实。"城郭"的存在表明，当时已经能够调集大量人力、物力来兴建这项巨大的建筑工程。一般古代的城市有内城和外城，郭指外城，"筑城以卫君"，就是说建造内城是用来保卫君王的；"造郭以守民"，就是说外城是用来守护老百姓的。

从"鲧作城郭"开始历经数千年，城市建设脚步从未停止，但当历史的脚步迈到现在，由于城市发展独特的销售主张，城市建设商业化倾向日益严重。作为"舶来品"的"城市营销"理念力求将城市视为一个企业，将具体城市的各种资源，以现代市场营销手段向目标受众或目标客户宣传或兜售。然而，城市营销如果单纯注重追求某种利益，必将对城市建设造成人文价值的缺失并由此产生危机。2010 年 6 月，学者梅伟霞在中共贵州省委党校学报发表的《我国城市建设中人文精神的缺失与反思》一文中，对此进行了深入研究与反思：人文精神是城市文化的核心与本质，城市现代化的独特魅力在于人文关怀，而现实是人文精神正在中国城市建设中渐行断裂、消失，物的堆砌挤压了人的记忆与生活空间，拉大了人与人之间的关系，拉开了困难人群与城市栖居基本功能的距离。

文章指出，改革开放以来，我国仅用 30 余年时间就走完了西方发达国家几百年的工业化历程，启动了世界史上最大规模的农村人口向城镇的迁徙，开始了世界上速度最快的城市化进程。但令人尴尬的是，今天我们的城市建设和发展中"见物不见人"的异化现象比比皆是，一些城市的人文精神丧失殆尽，城市的本质功能被严重背离。这是城市因为人文价值缺失而产生的危机。

1. 城市历史的断裂与记忆的消失

城市恰如人类大树的年轮，记录着人类思想、情感与成长过程的所有片段，城市未来的脉络就保存在这样的记忆里。地形地貌、森林草地、河流山脉、居住形态、建筑遗址、公共场所文化气质、民族情调……这些形成国家和民族的认同性，构成城市记忆的有力物证，乃是城市精神文化之根。然而这些具有历史积淀性和文化独特性的城市记忆，却在一轮又一轮的盲目建设与改造之后迅速消失。

首先，城市自然生态环境的人为破坏。城市的今天，原汁原味的真实自然已不复存在，湿地、沙滩、涧沟、水库、小岛、海崖、庄稼、池塘……这些无价的天然珍宝正在加速消失，有的只是钢筋水泥的冰冷的景观。无处不在的人工化痕迹，其实是对自然生态环境粗暴的建设性人为破坏，结果产生的只是与人蛆的生存方式相适应的生态氛围。

其次，历史文化遗产的破坏与废弃。历史文化遗产是城市在不同时代的文化精品中、以实物或非实物的形式积淀下来的，是历史记录的真实载体，展示了城市的生活、人情、风貌等区别于其他城市的精神文化特质。它也是人类过去创造的种种制度、信仰、价值观念和行为方式等构成的表意象征，使得代与代之间、前后历史阶段之间能够保持某种连续性和同一性，构成社会自身创造与原创造的文化密码，给人类生存带来秩序和意义。在所谓的旧城改造和危旧房改造中，一些城市采取大拆大建的开发方式，一片片历史街区被夷为平地，一座座传统民居被无情地摧毁，一些富有文化底蕴、地方特色和历史典故的老建筑、老地名却在消失。

2. 城市面貌的趋同化与城市形象的媚俗化

城市竞争的高级阶段是城市特色和个性的竞争，但我国的城市建设喜欢跟风而上，缺少文化内涵和独立个性。

首先，城市面貌的趋同化。近年来，不少城市都在外在建设上投入了大量的资金，目的是想改善环境以利于招商引资。大型综合商场、高层建筑、音乐喷泉、步行街、中央商务区纷纷出现，楼越盖越高，广场越来越现代，都市化气息越来越浓厚，可城市景观却越来越相似，差异性越来越模糊，传统逐步丧失，文化特色越来越少，个性魅力越来越低。

其次，城市形象的媚俗化。从本质上来说，丢弃自身特色，忽略传统的城市形象建设，反而降低了城市的格调，是一种媚俗的选择。美好的城市形象不仅可以实现人们对城市特色的追求和丰富形象的体验，而且可以唤起市民的归属感、荣誉感和责任感，如罗马的万神庙、维也纳的金色大厅。但我们的城市更像暴发户，千篇一律的大广场，火柴盒造型的建筑物，俗不可耐。有的城市一面无情地摧毁传统历史文化品牌，另一面却大力打造仿古的、伪劣的、缺少文化底蕴的假古董。追求外观的豪华、精美、显贵、奢侈，这是城市建设心态的媚俗和文化上的不自信。

3. 困难群体的边缘化

困难群体由于某些障碍及缺乏经济、政治和社会机会，在社会上常常处于不利地位，缺少表达渠道，容易成为"沉默的羔羊"，权益常被挤压。我们的城市规划建设往往由少数人意愿主导，极少有"公众参与"，更听不到困难群体的声音。

首先，行政主导型城市改造，赔偿安置成本很低，导致困难群体的边缘化和贫困化。我国的城市制度设计与管理常常定位于管人、约束人，缺乏体现对人的真切关怀与平等的城市精神文化，而等级的、歧视的"文化无意识"则较多。

其次，缺少对弱者的人文关怀。不少城市，大广场、宽马路虽不断竣工，可一些不起眼的小路却长期坑坑洼洼，多年无人修理，盲道断头、楼道不亮、窨井缺盖的现象早已司空见惯；还有近乎绝对化的无视居民物权的野蛮拆迁。进城民工的"居者无其屋"以及以罚代管、只罚不管的权力乱作为等，公共服务政策常被利益集团绑架，导致普遍缺少对弱者的人文关怀。

4. 公共空间的"被挤压"与公共需求的"被漠视"

这两者同样是司空见惯的现实。

首先，公共空间的"被挤压"。城市公共空间是指城市或城市群中建筑实体之间存在着的开放空间体，是城市居民进行公共交往、举行各种活动的开放性场所，其目的是为广大公众服务。在我国，一种并不难觅的现象是：许多城市中风光秀丽的公园、绿地常被政府机关、迎宾馆及高尔夫球场等占据。江景湖景海景常被某某楼盘独据垄断，风景名胜区、旅游胜地常常变成某某中心、基地的特殊用地。有些城市公共空间特别是广场，占地很大，功能却十分单一，除了放放风筝外，很少有人光顾，缺乏活力。

其次，公共需求的"被漠视"。我国城市的规划建设常常由少数人的意愿主导，在很多规划精英的眼里，城市的需要就是汽车的需要、效率的需要、金融商业繁荣的需要，所以，全体市民的利益被概念化为一种具有共同利益的团结一致的公众。规划中到处渗透着家长式治理和国家福利制度的印记，市民被动接受家长式、权威主义的精英逻辑，意愿一直"被代理"。一些城市片面地追求"政绩工程""形象工程"，多是站在硬件建设的角度，很少顾及居民对所居住城市的整体感受，缺乏从公众需求的角度考虑宜居城市建设。而"普通人"的"普通生活"其实是最重要的"城市问题"，归根结底，市民才是城市的真正主人。

综上所述，当前我国的城市建设"见物不见人"，造成了城市历史的断裂与记忆的消失，城市面貌的趋同化与形象的媚俗化，公共空间的"被挤压"与公共需求的"被漠视"等恶果。人文精神是城市文化的核心与本质，城市现代化的独特魅力在于人文关怀。也就是说，唯有人文精神才能打造城市营销品牌。因此我们在此呼吁：核心智库的城市规划必须坚持"以人为本"，让城市回归本质功能；加强人文精神的宣传与培育，增强文化自觉；注重对困难群体的人文关怀，让城市富有人情味；扩大市民的公共参与，让城市人文精神获得高度认同等。

第七章　人文价值核心规划中的 "四不" 准则

城市是一个不断发展的动态系统，时刻处在变化的过程之中。通过科学、系统的调查，把握城市发展的客观规律，是认识城市未来发展的基础。为此，人文价值核心规划应遵循 "四不" 准则：一是不读县志不规划，二是不做区位和场地分析不规划，三是不延续资源和文脉不规划，四是不讲实事求是不规划。只有这样，才能将以人文价值为核心的城市规划落到实处。

第一节　不读县志不规划

水通南国三千里，气压江城十四州。

——李清照

李清照是宋代著名词人，有 "千古第一才女" 之称，其词在群花争艳的宋代词苑中，独树一帜，自名一家，人称 "易安体" "婉约词宗"。她的这句诗生动地概括了金华的重要位置和雄伟气势。"南国",泛指中国南方。"十四州",宋代两浙路计辖二府十二州,即平江府、镇江府,杭州、越州、湖州、婺州、明州、常州、温州、台州、处州、衢州、严州、秀州,统称十四州。另说十四州指五代十国之一的吴越国所统治的地区,即今浙江全省、江苏西南部、福建省东北部。

《金华府志》云"金星与婺女争华",故曰金华。金华位于浙江省中部,为浙江省中西部中心城市。纵观地理,金华东邻台州,南毗丽水,西连衢州,北接绍兴、杭州,因其优越的地理位置及交通条件,历为浙江中西部及周边地区的中心城市,其城市规划与建设一直为政府及其核心智库所重视。从金华市域各座古城的历史看,全市城镇规划工作古已有之,以兰溪诸葛八卦村、武义俞源星象村为代表的古村镇规划特色尤为明显。但真正意义上的城市规划工作从 1955 年开始。1955—2006 年,金华市已经历了 7 次大的城市规划和修改,而每一次规划和修改都沿袭、传承和创新解读了金华 2200 多年悠久的璀璨历史、八婺文化、名人文风、青山秀水、人文地理、经济社会,并用于规划定位和形象战略,为这座国家级历史文化名城赋予了新的文化内涵、城市素质和发展活力。

在做城市规划时,必须参阅和研究各种文献,包括历年的统计年鉴、各类普查资料,如人口普查、经济普查;城市志或县志;专项志书如城市规划志、城市建设志、农业志、工业志、文化志、交通志、园林志等;历次的城市总体规划或规划所涉及的上一层次规划、政府的相关文件,已有的各项专项规划及相关研究成果等。其中,城市志或县志是城市规划建设过程中,作为梳理、研究城市资产、文脉、记忆、故事,以及发展方向的重要手段和资料,不读、不运用城市志或县志内容，就找不到城市的魂。掌握县志咨讯，就掌握了城市发展的方向。

中国地方志的编纂，起源很早。如果从战国时期的《禹贡》算起，已有两千多年历史。东汉时的《越绝书》，已兼具史、志规模。魏晋以来，《华阳国志》和《荆楚岁时记》等，都是当时的方志名著。隋唐时，政府注意到方志的编纂。唐代李吉甫于813年编的《元和郡县图志》（后因图佚，改名《元和郡县志》），共40卷，后有部分散失。它以唐代的47镇为纲，每镇一图一志，详细记载了全国各州县的沿革、地理、户口、贡赋等。到宋代，地方志的编纂日趋兴盛，著述体例基本定型，门类也逐渐增多，鸿篇巨制相继出现，现存的有《太平寰宇记》二百卷、《舆地纪胜》二百卷、《方舆胜览》七十卷等。

明清以来，方志的纂修有了更显著的发展，几乎遍及州县乡镇。清代的成就尤为突出，在现存的方志中，清代所修几乎占80%。据统计，清代编纂了6500余种方志，许多著名学者参与方志的编修，还就方志编纂体例进行了学术争鸣。这些学者在理论和实践工作中的努力，使方志之学成为专门学问。这一切就使中国现存近9000种旧方志，成为一座巨大的知识宝库，这座宝库蕴藏着历史上各地区的自然、社会和人文的丰富资料，其中有大量的珍贵史料不见于史书典籍，具有极高的历史价值和科学价值。对于地方志这笔财富，海内外的专家学者极为重视，他们曾利用旧方志资料在科学研究上作出了重要贡献，取得了巨大成果。

现存的方志中，宋、元、明刻本均成为稀见的珍本，即使是清代的刻本，也是复本不多，流传不广。这种状况既不便于今日研究利用，更不利于今后流传。为了保护、继承和利用这一宝贵遗产，上海书店出版社早在 20 世纪 80 年代中，即开始组织著名的方志专家，对现存的旧方志给予择优整理，影印出版《中国地方志集成》，让这份重要的文化遗产永远流传下去。中国的地方志自唐、宋以后至今保存有近 9000 种，因内容和编纂体例的不同，可分十多类，有通志、府志、州志、厅志、县志、边关志、乡镇志、乡土志、道志、卫所志、监井志，以及专记一项或者以某一内容为主的志书，如山水志、寺庙志、园林志、风土志、书院志、艺文志等。新中国成立后，各县普遍修编了一次县志，很多县因交通、经济发展等发生重大变化，甚至修编了两三次。

县志是记载一个县的地理、自然、经济、政治、沿革、历史、地理、风俗、人物、文教、社会、物产等集为一体地方志书，是所有志书中最全面最系统的县域百科全书。为城市的现代化规划、建设和管理服务提供了重要参考。所谓不读县志不规划，强调的就是这种地方志对城市规划与建设的作用，因而被当作城市人文价值核心规划中的"四不"准则之一。

第二节　不做区位和场地分析不规划

长安城中，八街九陌。

——《三辅旧事》

汉长安城位于西安市西北的汉城乡一带，交通便利，街衢洞达。多种文献记载，汉长安城中有八街九陌。据《长安志》记载：长安城中的 8 条大街，分别是华阳街、香室街、章台街、夕阴街、尚冠街、太常街、藁街和前街。有些街多见于史籍记载，如《汉书》载西汉宗室刘屈氂之妻"枭首华阳街"；以给妻子画眉闻名的西汉大臣张敞"走马章台街"；西汉大将陈汤斩郅支单于之首后"悬头藁街"，藁街还有"蛮夷邸"之称，是外国或少数民族使节的住处；东汉初年军事家、"云台二十八将"第一位的邓禹与敌军曾"夜战藁街"等。"九陌"所指，是汉长安城通往城郊区的 9 条大道。

汉长安城的平面布局符合《考工记》的基本原则，即南部为宫殿区，北部为市场、居民、手工业区，十分整齐。应该说，它第一次完整地体现出了《周礼》规定的城市布局原则，开创了中国都城总体布局的新规制，为后来都城的规划设计树立了样板。这就是充分利用地理上的优势和资源，规划出功能不同的区域，使各种地形特点都能发挥作用。尤其是广开水源，开凿完备的供水渠网，为中国都城的供水打开了新的局面。

事实上，中国现代城市规划与建造的土地使用，与汉长安城等古城建是一脉相承的，同样讲究所用之地不同区域的不同功能，但更重要的是强调注重区位分析和场地分析，以至于不做区位和场地分析不规划，被视为人文价值核心规划中的"四不"准则之一。

城市用地的区位是指特定地块的地理空间位置及其与其他地块的相互关系，是城市规划与建设领域里的一个重要内容。它从区域整体出发，全面考虑区域内土地动态利用问题。对区位的特别关注是一座城市人文价值核心规划的要求。

审视一个城市设计方案，不能就事论事，要从更大的范围来看，以城市整体的眼光来看待局部地段的设计，设计中切忌追求自我表现而忽视城市整体形象的完整统一。对此，中国城市规划设计研究院总规划师杨保军认为，应该遵循"承上启下，左邻右舍"的原则，并将其当作一个城市设计乃至建筑设计的基本立场。

"承上启下"就是指规划设计既要考虑项目所在位置更大范围的、更高层级规划的指导和制约，又要考虑对下一层级的设计的控制和引导。例如，做一个街区的改造规划，既要考虑所在片区的分区规划和控制性详细规划对这个地段及其周边的规划指导和约束，又要对下一阶段的建筑设计、景观设计等做出引导和控制性的措施。"左邻右舍"就是指规划设计要考虑周边的环境，新的设计要和周边的环境更好地融合在一起，注意城市环境的整体完整，而不是强调自我表现、否定邻居。一方面要考虑体量、尺度、密度、肌理等的协调统一；另一方面要考虑配套设施、公共空间等的统筹规划、综合利用。

在杨保军看来，在历史风貌区做规划，就好比一个从珍珠到项链的过程。埋藏在泥土里的珍珠需要有人发掘，然后把表面的泥土灰尘清洗干净，但这仅仅是第一步，第二步需要把珍珠串起来，串成项链。把珍珠串成项链，价值就会提升很多。做规划也是同样的道理，首先需要把散落的文物建筑发掘出来，让它们重见天日，然后把它们串起来，串成一个珍珠项链。规划师有时候也需要做些这样的穿针引线的工作。

城市规划过程中不仅区位很重要，对场地的分析同样不可忽视。城市用地的场地指某一块特定的地方，社区、工业园区、城市公园、历史遗址、名人故居等多种多样。在城市规划中的场地规划，是为了达到某种需求，而对土地进行人工改造与利用。这其实是对所有和谐适应关系的一种把握，包括分区和建筑，所有这些土地利用都应该与场地地形，以及地形所承载的历史、文化与资源相适应。

所谓场地分析，即规划区内所承载的历史文脉、自然和人文资源、民族民俗风情、山形地貌水系、植被植物动物等生物资源、历史人物及故事、建筑风貌等资源和价值，规划中需将这些资源有意识地保存、延续、传播和升华，并赋予其新的内涵。场地分析与规划建设应该遵循"运用资源、延续文脉"的原则。场地分析是设计师的基本功，一个好的规划设计方案一定是根植于基地的，而不是凭空捏造的。

经过这样的分析，在进行场地设计时就可以进行如下规划：一是对用地性质的规划。具体建设项目的选址上，控制性详细规划限定这一项目只能在某一允许区域内选择基地地块；对用地进行开发的场地设计，控制性详细规划限定该地只能做一定性质的使用。二是对用地范围的控制。规划是由建筑红线与道路红线共同完成的。三是对用地强度的控制。是通过容积率、建筑覆盖率、绿化覆盖率等指标来实现的，通过对容积率、建筑覆盖率最大值及绿化覆盖率最小值来限定，可将基地使用强度控制在一个合适的范围之内。四是对建筑用地范围的控制。由建筑范围控制线来限定，即基地允许建造建筑物的区域。规划中一般都要求建筑范围控制线从红线退后一定距离。五是要求规划中对建筑高度、交通出入口的方位、建筑主要朝向、主入口方位等方面的要求，在场地设计中也应同时予以满足。

综上所述，区位和场地都属于区域环境，区域环境在不同的城市规划阶段可以指不同的地域。在城市总体规划阶段，指城市与周边发生相互作用的其他城市和广大的镇村腹地所共同组成的地域范围；在详细规划阶段，可以指与所规划地区发生相互作用的周边地区。无论是城市总体规划还是详细规划，都需要将所规划的城市或地区纳入到更为广阔的范围加以考虑，从而更加清楚地认识到所规划的城市或地区的作用、特点及未来发展的潜力。

第三节 不延续资源和文脉不规划

> 因天材，就地利，故城郭不必中规矩，道路不必中准绳。
>
> ——《管子》

《管子》的内容主要以"黄老"（黄帝和老子）道家思想"无为而治"、崇尚自然为主。这句话告诫人们要根据现有的条件来利用环境和自然，不必非得墨守成规照搬书本的规定。因此，顺应自然的有利条件和地形地势，创造出符合自己发展的道路才是至关重要的。这种"城市建设自然至上"理念代表着打破城市单一的《周礼》单一模式的变革思想，从城市功能出发，理性思维和以自然环境和谐的准则确立起来，对战国及后世城市的建设影响深远。

中国古代城市规划强调整体概念和长远发展，强调人工环境和自然环境的和谐，这些理念对现代城市规划和建设具有指导意义。其中不延续资源和文脉不规划的理念，就被视为人文价值核心规划中的"四不"准则之一。所谓延续资源和文脉，强调在规划前要对自然资源和历史文化进行充分的调查，在保护的前提下合理利用自然资源，在敬畏传统文化的前提下延续历史文脉。

自然资源是城市生存和发展的基础，不同的自然资源对城市的形成起着重要作用，影响决定了城市的功能组织、发展潜力、外部景观等。如南方城市与北方城市、平原城市与山地城市、沿海城市与内地城市之间的明显差别，往往是源于自然资源的差异。

在自然资源的调查中，主要涉及水利资源、土地资源、气候资源生物资源、森林资源、草场资源、野生动植物、能源资源、农村能源、旅游资源、渔业资源等多种，这些对城市规划工作具有重要影响。

土地资源是城市发展中的一个重要因素，也是必不可少的一个因素，从城市规划的角度划分，纳入规划体系的城市土地包含两部分，一部分是正在利用中的城市土地，另一部分是待利用的土地。对正在利用中的城市土地而言，其自然、社会经济属性相对稳定，并在特定的时期形成了相对稳定的土地资源价格。对城市规划范围内还未利用的土地而言，其自然、社会经济属性正处在形成之中，还未形成相对稳定的土地价格市场，但原有的土地资源价格体系将被打破，取而代之的是置于城市规划体系下的新的土地资源价格体系。不管是正在利用中的城市土地还是有待利用的土地，都应该本着"节约"的原则进行规划建设，力求实现土地资源与城市规划建设两者之间的和谐发展。

水资源是城市建设和发展的基础条件和限制因素，应被视为城市规划的重要方面和城市建设的重要内容，而当前的城市规划未对水资源给予应有的重视，特别是水资源的承载能力尚未得到正确的认识，造成某些城市的发展规模与其水资源承载力不相适应和其他各种水问题，反过来为城市的持续发展带来了负面影响。城市水资源可持续利用应该坚持 3 项原则，一是建立资源成本核算体系。在建设项目评估、经济增长统计中引入自然资源损耗、环境污染破坏等参量。二是计算区域水资源承载力。杜绝破坏水资源系统循环，这是支持水资源可持续发展的基础。三是树立人口、资源、环境与可持续发展观念。通过人口、资源、环境、发展的系统分析，以人们生存、生产与发展对水资源需求为基础，兼顾人类生存环境需求，对人口、资源、环境与发展的各项用水需求进行全面、系统的诊断，判别其中可能存在的问题，并提出解决问题的方案和策略，促进人口、资源、环境可持续发展。

生物资源可以用生物的多样性来说明。生物多样性是指所有来源的形形色色的生物体，这些来源包括陆地、海洋和其他水生生态系统及其所构成的生态综合体；包括物种内部、物种之间和生态系统的多样性。在城市生态系统中，城市的生物多样性（包括遗传、物种、生态系统及景观的多样性）与城市自然生态环境系统的结构与功能（能量转化、物质循环、食物链、净化环境等）直接联系，它与大气圈、水圈、岩石圈一起，构成了城市赖以生存发展的生态环境基础。生物多样性为城市的生存与发展提供了大量的生物资源，如工业原料、建筑材料、食物、药物、新型能源等。生物资源重要的特性是加强保护和合理利用，这样它可以再生以致持续利用；若保护与利用不合理，它就可能灭绝。

除了土地、水利、生物等资源外，矿产资源、气候资源也对城市规划建设具有重要影响。

历史文化的调查首先要通过对城市形成和发展过程的调查，把握城市发展动力以及城市形态的演变原因。每个城市由于其历史、文化、经济、政治、宗教等方面的原因，在其发展过程中都能形成各自的特色。通过对城市历史文化的调查，将城市规划与城市历史文化内涵相结合，以提高城市的文化品位，从中寻找城市的特色，并推动整个城市规划建设工作的开展。

一座城市延续历史文脉，必须对历史文化资源进行保护与利用。诸如建筑的保护与利用、地方特产的保护与利用、历史传说的保护与利用、民俗风情的保护与利用等。合肥市规划局景观规划处处长、国家注册城市规划师梁碧宇在《发掘历史文化，寻找城市特色——历史文化资源规划调研报告》（节选）指出：

　　建筑是体现城市历史文化发展的生动载体，是城市风貌特色的具体体现，是不可再生的宝贵文化资源。对城市优秀建筑的保护，是城市历史文化资源保护工作的重要组成部分。一座城市各个时期的建筑，像一部史书、一卷档案，记录着一座城市的沧桑岁月。唯有完整地保留了那些标志着当时文化和科技水准，或者具有特殊人文意义的历史建筑，才会使一个城市的历史绵延不绝，才会使一个城市永远焕发悠久的魅力和光彩。建筑所反映出来的空间与时间关系，其深度和广度是其他文化载体无可比拟的。

　　地方特产也是体现城市特色的因素之一，同时又是城市文化和发展旅游业的重要因素，城市规划建设应加强保护和在政策上予以支持，以加快发展，并使其产业化、规模化。

　　历史传说有着化腐朽为神奇的力量，一个平淡无奇的地方经它轻轻点染，便能散发经久不衰的魅力。历史传说是城市文化的一部分，很多建筑和遗迹不复存在，但传说犹存，在规划管理和城市建设中，历史传说可作为城市设计的重要因素进行考虑，并可渗透到城市建设的各个方面。而很多的城市雕塑也都利用了历史传说而更有生命力。

　　民风、民俗、地方节日等，是城市文化的重要组成部分，与市民的生活方式紧密联系。一个古建筑可以通过先进的技术保护好，但如将建筑与生活方式和生活环境同时保留好，才会使建筑散发出更持久的魅力和活力，城市也才会更有灵气。民俗风情是城市非物质形态的历史文化，是构成城市特色的要素，它与特色的地域环境是魂与体的关系。

第四节　不讲实事求是不规划

> 这种态度（科学态度），就是实事求是的态度。"实事"就是客观存在着的一切事物，"是"就是客观事物的内部联系，即规律性，"求"就是我们去研究。
>
> ——毛泽东

"实事求是"这个古老的成语，出自东汉班固所著的《汉书·河间献王传》，称誉河间献王"修学好古，实事求是"。在这里，"修学好古"是指一种努力学习的精神，"实事求是"是指一种做学问严谨求实的态度。1941年5月，毛泽东同志在延安干部会议上作了《改造我们的学习》的报告，从思想路线的高度，深刻揭示了党内在对待革命理论和革命事业上两种互相对立的态度，剖析了主观主义态度的严重危害，并借用"实事求是"这个中国人民喜闻乐见的成语，深入浅出而又深刻具体地阐述了马克思列宁主义的科学态度。毛泽东同志这句话的解释，将"实事求是"这个古老的成语赋予了全新的鲜活的生命力，从一种单纯的治学方法，改造、升华、发展成为具有普遍意义的哲学方法论，完整地表述了马克思主义认识论的科学体系。毛泽东同志对"实事求是"的古为今用，也为现在的城市规划建设树立了一个光辉典范。

城市规划要坚持实事求是的方针。要充分认识城市自身及其所在区域的自然和地理条件、历史和人文背景、经济和社会发展基础，确定科学的发展战略，合适的城市规模、形态和经济结构，合理利用自然和文化遗产，形成自身的特色和与周边城市的互补。实事求是，是自然科学也是社会科学认识的基本原则，因此，不讲实事求是不规划被当作城市人文价值核心规划中的"四不"准则之一。

一个"实事求是"的城市规划不是空中楼阁，不是妄想、空想和理想，而是立足实际的，只有这样，城市才最具个性。为此，应该在充分尊重当地资源和能力的条件下，能够落地执行、开发与建设。

下面，我们来看看广州市白云区三大片区是如何制定城市规划并落地实施的。

2013年以来，广州市白云区改革现行城市规划编制体制，从市一级"闭门造车"转变为市区联动、以区为主、政民互动的"共编共用共管"新体制，探索规划刚性与动态优化的平衡之策；实现"三规"乃至"多规"合一，既瞄准民生所盼，又呼应发展所需，还为城市未来的高水平开发建设提供指引。到2014年11月，全区共有18个重点片区规划编制完成编绘，其中白云新城、金沙洲、陈田永泰三大片区规划已获市规委会通过，进入落地实施阶段。

据最新规划，白云新城优化了用地构成，通过降低居住比重，增加商业商务比重，打造总部和商业集聚区，形成黄石、云城西总部集群，步行商业街和飞翔公园休闲商业区等，为优质意向企业提供总部，提升地区商业氛围。同时，为加快推进白云新城5~8期征地，合理规划村集体留用地及指标，适当提高村留用地容积率。

陈田永泰片区紧邻白云新城，是接受白云新城辐射的最佳片区。该规划一举解决优质产业项目土地储备、城中村改造整治、村集体经济发展物业建设、重大市政交通设施完善等多重问题，既瞄准民生所盼，又呼应发展所需，推动了片区城市形态与产业经济的"双升级"，是各方充分理解城市规划的公共政策属性，进而引导新型城市化方向与区域发展的典型案例。

金沙洲经历了广州佛山"飞地"到"睡城"的演变，是广佛同城化的关键所在。新规划重点解决商业服务设施欠缺，区域内外交通拥堵难题。强化外部交通联系方面，通过开辟3条新交通走廊，分流金沙洲的进城交通，包括北环高速转变为城市快速路；快捷路二期建设；借道大坦沙岛预留的两个过江隧道。远期则规划预留、增建4个过江通道，无缝对接广州中心城区。

除上述已通过广州市规委会审议的控规方案外，嘉禾望岗片区、白云创意产业集聚区、白云东组团已进行了规划初审方案研究，正在进行新一轮的编制修改。据悉，每一次规划编制，区规划分局与编制单位都会深入一线，将群众路线执行到底。他们去的目的很明确，就是想再听听街道、村社的建议，看看路网规划是否科学，中小学、医院等公建配套设施布局是否合理，量够不够，位置有没有必要调整，街道辖内如果有重点项目，有没有因规划原因难以推进的情形。这种"共编共用共管"的规划体制，让最熟悉这片土地、最了解发展需求的人有了编规划的参与权、建议权、思考权。同时，这种做法打破了闭门编规划的传统模式，使属地政府、规划实施者、利益相关人等提前介入达成共识。

由于广州市白云区三大片区采取切实可行的办法制定城市规划并积极落地实施，从而使城市规划收到了实效。比如，陈田永泰片区规划实施，区规划分局近来会同国土、建设、城改、发改、经贸等部门成立白云区规划建设工作服务小分队，将建设项目的服务延伸至22个镇街、村社，为他们扫除建设项目的"盲区"。而源于城市规划的带动引领，白云区村社、企业走上了科学规划、合法建设、正道发展的"阳光大道"，放弃了边拆边建、违法用地、心中无底的"邪门歪道"。

远在千里之外的厦门与白云区有异曲而同工之妙。厦门城市规划呈现出依托原有的市政设施基础上建设、实事求是不浪费的特点。厦门是一个非常有特色的城市，有着风景宜人、天生丽质的自然环境和地缘优势。海峡两岸金融中心区位优势明显，离机场更近，离五通客运码头也近，能够和鼓浪屿的人流分开。

厦门两岸金融中心的规划一开始定位的起点比较高，邀请了美国 HOK 建筑师事务所来做城市设计，设计概念很有前瞻性，比如说对新的 CBD（中央商务区）的理解已经不单纯是功能分区了，市政府有意识将生态、绿化、商业配置的概念融入进去。注重人与人之间的交往，注重地下空间的利用，立体交通的概念已经放进这个片区。厦门两岸金融中心片区，从规划角度来说有前瞻性，有实施空间，有基础，唯一需要补全的是配套政策。鼎泰和作为整个片区中动作最快，也是执行力比较强的一个团队，就是奔着两岸金融中心来的，凭借空间、硬件、交通等各项配套优势，立志做出最好的产品回馈客户。两岸金融中心拥有极佳的地缘优势，2014 年是海峡两岸关系发展最好的历史时期，依托这一时代背景，厦门两岸金融中心成为了全国的关注焦点。

第八章　中国传统文化复兴的城市梦

　　中国城市早期规划的雏形与理念，无论其处在何种社会、经济、政治、背景下，都映照出了人类对于自身栖居场所的一种美好追求与向往。中国传统文化复兴的城市梦在于传承城市历史传统文化，并注入时代元素，打造出新时期的城市文化品格，使城市在彰显历史文化底蕴的同时拉升经济社会同步发展。

第一节　人文价值核心规划的城市使命

> 建筑是有生命的，它虽然是凝固的，可在它上面蕴含着人文思想。
>
> ——世界著名建筑大师贝聿铭

　　贝聿铭是世界著名的美籍华人建筑师。他的这句话其实道出了以人文价值为核心的城市规划是一种使命，认为中国的建筑形式应该既是有限的物理力量所能及的，同时又是尊重自己文化的。作为20世纪世界最成功的建筑师之一，这位大名鼎鼎的美籍华人对国内的事情一直都很关注，他在北京、西安、苏州的城市保护、城市规划上都提出了颇具建设性的意见，而且在生他养他的中国留下 3 个杰作，一个是落成于 1982 年的北京香山饭店，是现代建筑艺术与中国传统建筑特色相结合的精心之作；另外两个是香港中银和北京西单中银大厦。

贝聿铭的"人文思想"是一种尺度，以人文的尺度规划建设城市，才会有人文气息的街区、人性成长的空间。在这方面，北京市建筑设计研究院做的《以房山区为例的小尺度规划及精细化设计研究》方案中提到的"小尺度街区"是一个创举。2013 年 11 月，该方案开始在房山区长阳起步区做试点。北京市建筑设计研究院项目负责人对此解释说，在紧凑化、连续化空间发展的高密度城市区域内，任何小的空间间断，都会对步行城市活动产生不利的影响。欧洲城市解决这些问题的方法包括设置共享空间、道路拥堵收费、减少汽车停放，还有就是小尺度街区。"这些措施的目的就是消除非'人'尺度的'缝'。"

小尺度街区从本质上讲，就是要摈弃大马路、高层建筑所设置的钢筋水泥樊篱，让城市向自然和人文迈进。城市设计的精髓不仅考虑到现代交通的需要，更侧重于人性化的考虑。所以，在一些宜居城市经常可以看到，在绿树掩映之下，行人悠然自得地行走，各种自行车与小车的流动交相辉映。城市中的建筑不是单独的存在，而是作为一个整体来满足人的需要。一个城市的道路，不是专为汽车设计，更多应为步行创造条件。

北京的目标是建设生态、宜居、有特色的世界城市，这样一座美丽的城市不仅仅需要高楼广厦、通衢大道，更需要让游客驻足的街头、让游子梦回的小巷，需要老人悠闲的背影、孩子们欢快的笑声。"小尺度规划"正是这样一种理念，以人的尺度，而非汽车的尺度规划建设城市，让街道、广场成为人际互动的空间。北京正在开始这样的尝试。

北京规划了11座新城，比如在《门头沟新城城南部地区城市设计深化方案及城市设计导则》中，就经常出现"近人尺度""人性化空间""融合"等词汇。和拥挤的老城相比，新城有崭新的地铁和小区，有更宽的马路，唯独缺少老城熟悉的热闹和温暖。上下班高峰时间一辆辆汽车风驰电掣，高峰一过，宽阔的马路空无一人，冷清得可以"罗雀"，在北京新城，很多地方都可以见到这样的景象。

城市规划建设的目的是"人"，其最终目标是通过完善城市功能，为居民提供良好的人居环境。也就是说，以人文价值为核心进行城市规划，是核心智库的使命。为此，北京经过数十年的规划建设，城市建成区已进入稳步发展阶段，相应地，城市规划也正在由鸿篇巨制式的规划向具体细微的规划转变，做到见物又见人，从"小"和"细"字上着手，通过精细化的织补来解决建成区内存在的问题，提升市民居住、出行的舒适度和便利度，从而彰显城市的人文价值。

事实上，对于北京的城市建设，中国科学院院士、中国工程院院士、清华大学教授吴良镛先生有突出的理论思想建树。他提出的人居环境科学对促进北京城市发展的影响集中体现在以下两个方面。

1. 北京菊儿胡同新四合院改造工程

在保护与发展人居环境的思想指导下，以旧城住区综合整治、更新改造为目标，统一规划，分期实施，先后有两期工程建成并投入使用。荣获1992年世界人居奖，颁奖的评语是："开创了在北京城中心城市更新的一种新途径，传统的四合院住宅格局得到保留并加以改进，避免了全部拆除旧城内历史性衰败住宅。同样重要的是，这个工程还探索了一种历史城市中住宅建设集资和规划的新途径。"

2. 京津冀城乡空间发展规划研究（即"大北京"的概念）

"大北京"是要从大的范围来考虑北京的发展、布局问题。在区域层面具体运用人居环境科学理论，开创性地探索了新形势下区域整体协调发展的途径，对新时期区域规划工作的开展具有示范意义。研究提出"规划大北京地区，建设世界城市"成果直接促进并指导了北京、天津空间发展战略研究与北京城市总体规划修编。

随着京津冀区域大发展，如何遵循区域发展的客观规律，制定相应政策，在顶层设计方面，需要预为思考。为此，作为中国"人居环境科学"研究的创始人，吴良镛建议在下列方面采取相应措施：

第一，充分认识到城镇化的复杂性，采取"复杂问题有限求解"的方法。以现实问题为导向，化错综复杂问题为有限关键问题，寻找在相关系统的有限层次中求解的途径。如果说，在传统的农业社会，政治、经济、社会、文化和生态五大系统还处在一个相对均衡、稳定的状态，那么随着现代化、工业化、城镇化的推进，如今，上述五个系统则已经出现了比重失衡且各自为政的局面，亟须重视系统之间的交叉联系，建立一种新的平衡状态。

第二，建立"新型城乡关系"，因地制宜地采取差别化的发展策略。对于特大城市地区，促进生产要素的灵活流动和重组，在区域尺度上对特大城市过分集中的功能进行有效疏解，同时提高中小城市和城镇的人口吸纳与服务功能，使农村富余劳动力在大中小城市均衡分布、有序流动，形成一种城乡协调的统一体。对于欠发达的农村地区，以县域为基本单元，有序推进农村的城镇化进程，依据各地各具特色的自然资源、经济基础、文化特色等现实情况，积极进行城镇发展、新农村建设的制度创新试点。

第三，加强城镇化人才培养和智库建设，提高城乡规划的决策水平和技术支持。城镇化是一项复杂性、专业性、连续性都很强的工作，有关的决策需要在了解历史和熟悉现状的基础上进行前瞻性的思考，各城市有不同的特点与问题，不能照搬别人的成绩，照猫画虎。建议在少数城市工作中试行城市总建筑师、总规划师、总工程师制度，对城市发展进行整体的研究、决策和管理。

第四，发展人居环境科学，建设美好人居环境。人居环境的核心是人，关系国计民生；目的是创造有序空间与宜居环境，满足人的需求，包括空间需求，理应成为五大建设的核心内容之一。要积极发展人居环境科学，为解决当前复杂的城镇化问题提供发展目标的思想理念、组织研究的工作方法、解决问题的技术工具和战略措施。

"大北京"也好，"京津冀"也好，随着改革开放的进程加快，北京城市首先是变得越来越大。过去，出了二环就是出城了。现在，到了五环也难说出城了。传统意义上的"城"这个概念，在北京早已被打破，代之而起的是"都市"概念。也就是说，在以人文价值为核心的城市规划与建设方面，北京正在提升自己的核心竞争力。

人是城市的生命，人的幸福、快乐、舒适、健康、和谐，体现了现代城市文明。具有人文价值的城市，是幸福的圣地；而诗意栖居的城市，是人的乐园。

第二节　人文价值核心规划重塑城市信仰

> 一个人只要在回忆和认识自己从何而来，他便是在认识神。
>
> ——马库斯·图留斯·西塞罗

马库斯·图留斯·西塞罗是古罗马著名政治家、演说家、雄辩家、法学家和哲学家，以善于雄辩而成为当时政治舞台的显要人物。他的这句话不应被简单地看作宗教妄语，而是古代文明中人对现实与历史关系的深刻把握，它维系的是物质生活与精神家园的神圣联系。除了这种理解之外，应该成为城市信仰的旧城人文价值并非只是面对过去，而且兼有面向未来的意义。因为从逻辑上说，如果人类失去了关于自身存在的记忆，等于使现在的一切毫无意义；如果人类根本没有了对历史人文价值的珍爱和眷恋，眼下一切轰轰烈烈的建设又有什么意义呢？

在 20 世纪世界城市建设史上，保护历史文物建筑和历史文化环境的斗争以 1933 年的《雅典宪章》、1964 年的《威尼斯宪章》和 1987 年的《华盛顿宪章》为取得国际共识的重要标志，许多国家都把保护历史文化遗产视作当代政治文明的重要价值标准。

其实在这个世界上没有什么事情是孤立的，旧城人文价值的被遗弃与都市中的拜金主义、人欲横流息息相关，人对家园情感的淡漠正是和人与人之间爱心的泯灭息息相关。城市的历史人文价值的被毁弃、被嘲弄，难道还不是人性逐步丧失的结果吗？如果我们只看到在旧城的废墟上会出现的高楼巨厦，而看不到与人类命运至关重要的文化价值观念的深重危机，那真是心灵上的瞎子。从这个意义上讲，以人文价值为核心的城市规划，其目的就是重塑城市信仰。这一点从法国巴黎的经验中可以得到进一步的验证。

1925 年，杰出的法国现代主义建筑师勒·柯布西耶提出了一个改建巴黎中心城区的庞大计划，这个计划将使巴黎老城荡然无存，随后崛起的是一个以对称配置的十字形摩天大楼和架空高速公路为特征的新巴黎。他的豪迈宣言声称："巴黎将就地改造，无须回避。每个世纪、每种思潮都应该铭记在它的石头上。只有用这种办法，才能形成生气勃勃的巴黎形象。"法国和全世界的有识之士都认识到，幸亏这个方案未被实施，否则这将是一场多么深重的人类文化劫难！

1962 年颁布的《马尔罗法》，不仅确定了各种公共和私人角色在旧城保护区中的权利和义务，并且划出了"保护区"，对成片的区域进行全面保护。目前巴黎有两个保护区：马雷保护区和第七区保护区。马雷保护区位于塞纳河右岸，涵盖了从巴黎市政厅到巴士底广场的广阔区域，跨巴黎的第三区和第四区；第七区位于塞纳河左岸，集中了埃菲尔铁塔、荣军院、战神广场等许多历史遗产，法国国民议会等众多国家机关也坐落于此。

在划为保护区之前，马雷区曾一度因人口剧增而导致大量搭建滋生、建筑拥挤、环境恶化。设立保护区后，巴黎市政府对此区域进行了清除，降低建筑密度和人口密度。这一制度对包括古建筑、绿地、道路在内的整片区域进行了严格的法律保护，使得它们的古典风貌得以被保存下来。和中国城市建筑工地遍地开花不同，巴黎几乎看不到建筑工地。1860 年之后，巴黎老城区的范围就没有改变过。

巴黎将新建的住宅和工业区全部安排到了郊区，比如，在塞纳河下游新建了卢昂、哈佛等城市群，将人口和工业向这些城市疏散。同时，巴黎规划了南北两条"城市走廊"，建起了埃夫利、塞尔杰·蓬图瓦兹等 5 座新城，可以容纳近 200 万人口，而每个副中心也可以容纳几十万人口，巴黎的格局由此豁然开朗。

巴黎城市建设视旧如命，坚决摒弃大拆大建。正是靠着这样的信念，现在的巴黎，哪怕是街心的一座雕塑、路边的一座小教堂、民居的一扇窗，都在讲述着她"每个拐角处都有历史"的荣光。

比之于巴黎的城建，中国城市建设常常是拆除老城区重建新区，"短命建筑"在我国城市的发展过程中屡见不鲜，"大拆大建"正成为城市发展的"通病"，其实这是一种缺乏信仰的体现。这些建筑不少曾是一座城市的地标和象征，比如沈阳五里河运动场、北京凯莱酒店等。大拆大建不仅耗费大量资源能源，造成严重浪费，也不利于城市文化延续，广为诟病。减少"短命建筑"的涌现，遏制"大拆大建"的随意性，已成为当务之急。从某种意义上讲，这也正是核心智库之所以要注重人文规划的意义所在。

事实证明，不能因为旧城的历史人文价值观念看似无影无踪而轻视它，更不能因为在这种文化价值观念中必然包含有普世原则而敌视它。"人文"证明和记录了那个时代，而我们通过以人文价值为核心来规划城市，就能够唤起和重塑城市的信仰。

第三节　把根留住：保护传统文化和自然生态

> 路漫漫其修远兮，吾将上下而求索。
>
> ——屈原《离骚》

《离骚》是战国时期楚国诗人屈原的代表作，是中国古代汉族诗歌史上一首最长的政治抒情诗。作为中国历史上第一位浪漫主义诗人，屈原的这句诗表达了他在追寻真理方面，虽然前方的道路还很漫长，但将百折不挠、不遗余力地去追求和探索的志向和决心，体现了中华民族不仅是勤劳、朴实、智慧、勇敢的民族，而且也是为人类的福祉善于追梦的民族。

中华一个梦，追求无止境。今天我们所说的"中国梦"一定不能离开中国道路，必须把中华民族的悠久历史与当今时代结合起来，把民族精神与时代精神结合起来，把中国梦与中国道路结合起来。在这方面，著名建筑学家、教育家吴良镛先生为了找到一条适合中国特色的城市规划建设道路，创造性地提出了"人居环境科学"理论体系。1999 年，吴良镛先生作为国际建协科学委员会主席，以《建筑学的未来》为题在北京举行的"第 20 届国际建筑师大会"的主旨报告中提出了"美好环境与和谐社会共同缔造"的观点，旨在将人居环境的建设与社会发展融合为一个整体，以共同的目标使两个方面相互促进、共同发展。

吴良镛提出的人居环境"学术框架"包括：人居环境由自然、

人、社会、居住、支撑网络五大系统组成，人、自然与社会需要协调发展；人居环境科学研究需要从全球、区域、城市、社区（村镇）、建筑五大层次进行；人居环境建设要有统筹观念，遵循生态、经济、科技、社会、文化五大原则。在研究和实践过程中，吴良镛探索出建筑、地景、城市规划三位一体，构成人居环境科学大系统中的"主导专业"；逐步开展多学科融贯综合研究。通过理论研究与建设实践的努力，探索一种交叉的多学科群组，融贯包括自然科学、技术科学、人文科学及艺术等与人居环境相关的部分，力图形成新的科学体系。

吴良镛的人居环境科学是关系国计民生的经世济用之学，他通过对广义建筑学、人居环境科学及当前城乡发展转型的系统研究，使得人居思想也逐步得到社会的认识与关注，对社会与科技发展发挥巨大影响。

在城市规划建设过程中，要积极保护和恢复传统历史文化，要把城市人文的根留住。多年以来一直致力于文化遗产保护的著名作家冯骥才做出了积极的探索，体现了中国传统知识分子"吾将上下而求索"的人文情怀。

冯骥才在对诸多古村落、历史文化名街、名人故居以及国内外博物馆进行考察时发现，一些历史村落与街区看似不错，远远看去，古建筑一幢幢优美地立在那里。可是如果穿门入户就会发现，历史只是在躯壳上，里边的家具什物早已面目全非，看不到任何地域特色和文化细节，这恐怕是古村落和历史街区保护最致命的问题。历史村落与建筑，不能变成一个个干瘪的躯壳和空巢。考察之后，他深感中国急需建设小型博物馆。他曾经对记者说："小型博物馆针对的是某个地域、某个领域，它应有两个特点，一是地域性，二是专业性……小型博物馆面对的首先是这个地区的人群，其次是外地来的游客。博物馆，无论大小，最重要的是要把文化留给后人；在文化上，小型博物馆是一方水土历史创造的归宿，也是一种地域精神的聚集与弘扬，不光是农村新文化建设的根基，城市的文化丰富性和文化个性也可以借此体现出来。"

冯骥才还对小型博物馆的运作提出了自己的见解，他认为："小型博物馆的建设可以是民办公助、公办民助、民间捐赠性的或私人性质的，个人收藏家热心建立博物馆应大力鼓励。经费来源应是多方面的，包括地方财政、企业赞助、旅游建设经费等。博物馆的方案（包括内容、陈列方式、展品说明等）要请相关专家学者帮助策划，以使博物馆真正具有历史记忆和文化积淀的价值，并富于科学性和深度。条件较差的贫困地区，甚至只需先有几间房，以抢救性收集为主，收集内容可以包括特色家具、古代农具、历史文献、文化器物以及其他各类文化遗存。我认为小型博物馆应是百花齐放、各具特色和多样化的，要避免搞简单化的统一格式，要突出地域特色和专业特色。比如在北京，就应该有四合院博物馆；名人故居也应实现博物馆化。""我们也不是要将所有的历史上存在过的东西都留下来，但凡是进博物馆的都应是历史的精华；它们不会成为我们的负担，只会成为我们的财富。""小型博物馆的建设，要以专业眼光对待，不能流于形式，不能从地方官员的政绩出发去申报。"这些富有建设性的意见和建议极具现实指导意义。

20 世纪末，有 600 年历史的天津老城要拆掉时，冯骥才曾建议保留其中的一个四合院来建一座老城博物馆，因为属于这块土地上的记忆应该留在这块土地上。他自己花了几万元，从老百姓不要的物件中挑选了一些有价值的，在这座四合院前搞了一个展览，做了一个即兴演讲，希望老百姓把这些东西捐出来。结果老百姓都很响应，很踊跃地捐，包括一些很珍贵的东西。他认为"捐，这个行为本身就是老百姓提高文化意识和历史意识的表现"。

除了上述具有智库价值的人士的努力外，湖南省常德市的巨大变化，也反映了一个城市在规划建设过程中是如何积极对待昨天、今天和明天的。

常德市位于湖南西北部。常德历史悠久，公元前 277 年，蜀守张若"伐取巫郡及江南"，在今武陵区城东建筑城池，迄今近 2300 年历史。史称武陵、朗州、鼎城，曾是七朝郡治、七朝军府、七代藩封之地，辖区远及湘西北、鄂西南、黔东北、桂东北地区，素有"西楚唇齿""黔川咽喉"之称。常德自古以来人文荟萃。在远古时代，常德诞生了一位与尧舜齐名的传说人物善卷。他所居住的地方称枉人山，隋人樊子盖任本地刺史时，鉴于善卷的事迹，改枉人山为善德山，即今德山。直至唐代，常德都被歧视为蛮荒之地。但是，常德以善卷为发端，开发民智，以善和德锻炼人们的精神品格。唐尧敬慕善卷的贤德，拜他为师；虞舜欣赏善卷的才干，请他出山治理天下；在治水途中的大禹，也曾向善卷求教。"常德德山山有德"成为千古名谚。善和德成为了常德历史文化发展的主线。

继善卷之后，对常德文化发展产生重要影响的人物有屈原和宋玉。屈原的祖籍为常德的汉寿县。他被楚顷襄王流放江南后主要活动于沅、澧流域，其作品《离骚》《天问》《九歌》《哀郢》等都是在这里创作的。宋玉的"赐田"和晚年的流放地及去世后的墓葬均在常德的临澧县。屈原、宋玉创造的楚辞是南方文化的一面旗帜，并且成为汉文化的主干，李泽厚甚至说"汉文化就是楚文化"。可见，沅澧流域在中国古代文化形成中的地位相当重要。

晋代田园诗人陶渊明描写的"桃花源"，位于湖南省常德市境内，南倚巍巍武陵，北临滔滔沅水，史称"黔川咽喉，云贵门户"，要居衡山、君山、岳麓山、张家界、猛洞河诸风景名胜中枢，特殊的地理位置使桃花源得以吞洞庭湖色，纳湘西灵秀，沐五溪奇照，揽武陵风光。集山川胜状和诗情画意于一体，熔寓言典故与乡风民俗于一炉。据说陶渊明游武陵时，桃花仙子曾托梦给他，告诉他这里曾发生过武陵渔朗的故事，并托他写一篇《桃花源记》，因此，陶渊明便写出这千古不朽的奇文。唐代著名诗人刘禹锡任朗州（今常德市）司马时，经常寓住于此，吟诗伴赋。今有刘禹锡草堂，室内有其千古传诵的《陋室铭》。

到了近现代，常德涌现出了一批杰出的人才，如武昌起义的总策划刘复基、总指挥蒋翊武，辛亥革命领袖宋教仁、人民功臣林修梅，无产阶级革命家林伯渠、帅孟奇，井冈山革命根据地缔造者之一的王尔琢，历史学家翦伯赞，法学家戴修瓒，农学家辛树帜，文学家丁玲等。

自1978年党的十一届三中全会以来的一段时期，是常德历史上发展的最好时期。常德各级党委和政府认真贯彻执行党的基本路线，坚持以经济建设为中心，坚持改革开放，实行"兴工强农富市"和"开放开发兴市"战略，促进社会全面发展，经济建设和各项事业取得了卓越成就。

2012年，由长沙广电艺术中心、湖南和光文化影视投资有限公司及常德市委宣传部、常德市广播电视台强强联手打造的《刘海砍樵》，由经典花鼓戏《刘海砍樵》改编而成。该剧主要讲述众人为争夺神奇宝物金丝瓜而引发的一系列传奇斗争故事，以刘海与狐仙九妹胡秀英等人之间的曲折的感情故事为主线，展现了一段曲折而惊天动地的神话爱情故事。2014 年 1 月登录央视电视剧频道黄金档。

国家园林城市、国家卫生城市、中国优秀旅游城市、国际花园城市，"中国常德诗墙"和"居民居住改善""城市绿化与生态建设"三项人居环境范例奖……一个个传承历史文化与新时期城市发展的闪光的名片背后有一个共同的名字——常德。经过改革开放后的快速发展，已经成为湘西北地区的中心城市。

常德生态环境良好、物产丰富、区域交通条件优越，具备了持续快速发展的条件。常德采取非均衡的发展战略，中心城区以沅水为自然分割，城市发展的重点在江北地区，城市用地发展向东和西北两翼扩展。中心城区采取渐进式总体向东西两翼发展模式，构筑"廊道式紧凑型的多中心空间"结构——顺主导风向，结合沅江分别沿六条水系建设四条生态走廊，最终由六条大小水系自然分割形成九个城市组团，构成特大城市的空间格局。

常德中心城区景观策略是维持原有"三山三水"的大景观格局，并进一步深化主题，构筑主城区"三心、两带、四轴"的景观格局。三心为柳叶湖生态核心、丹州生态核心和德山生态核心；两带为沅江和穿紫河水文景观生态带；四轴为沿南北向四条水系构成的水文景观生态轴。

一则"善卷让王"的典故，使"常德德山山有德"的民谣千古流传，常德因此被誉为中华民族道德文化发祥地；一篇《桃花源记》，让常德拥有了"世外桃源""福地洞天"的美誉，常德因此拥有了一个美丽的名字——"桃花源里的城市";一个《刘海砍樵》的传说,把常德"爱神"追求幸福生活、美好爱情的壮举代代颂扬,常德因此成为一片多情的热土……常德人为常德城市建设添砖加瓦而备感骄傲,相信通过自己的辛勤和努力,家乡的明天一定会更好。

常德市城市规划与建设的做法和巨大变化,诠释了一个城市如何保护与恢复传统文化与生态自然环境,进而把根留住这一城市梦想的深刻内涵。

第四节 人文复兴是城市梦想的舞台

当一种文化消失的时候,只有被这种文化孕育过的人们,才会痛心疾首。

——陈寅恪

陈寅恪是历史学家、古典文学家、语言学家、诗人,与叶企孙、潘光旦、梅贻琦一起被列为"百年清华四哲人"。他的这句话对当代城建工作的启示意义在于:对于城市历史街区的保护和改造,人们都怀着复杂的心情,敬畏历史又不能遗弃历史。当我们怀念承载几辈人记忆的街巷时,我们不愿让这段回忆随着历史湮没,悄无声息。在当前,城镇化是人类历史上最激烈、最深远的一场变革,历史悠久的中国城市正处在这一浪潮的核心中,但城市化与城市人文复兴并不存在不可调和的矛盾,两者完全可以齐头并进。在城镇化进程中,人文复兴应该成为实现城市梦想的舞台。

城市化在走向科学的同时要关注人文复兴。在这方面，浙江省宁波市的莲桥第的历史文化保护堪称中国城市文化街区保护模式的一次新探索。这是一次带着镣铐的舞蹈，尽管艰辛、困难，却不能阻挡他们迈出优雅的舞步。

莲桥第，全名是莲桥街历史风貌协调区，位于宁波老城区的东南隅，东靠小沙泥街，南至灵桥路，西临开明街和解放南路，北延至大沙泥街。据 1935 年《鄞县通志》记载："莲桥街，旧名采莲桥下、莫家衡、横河头。"可见"莲桥"一名便源于宁波日湖上的采莲桥。它以唐宋时期"一塔两寺"（天封塔、延庆寺、观宗寺）宗教文化遗存为核心，拥有大批明清以来格局与风貌完整的望族宅邸与街巷，留存着许多历史信息。据统计，这里共保留了 4 处文保单位、约 20 处明清以来的历史建筑。这 24 座江南三合院落中，就有新中国第一代邮票大师孙传哲的故居、始建于明朝的毛家大院、窖藏珍稀古籍的甬上望族南湖袁氏宅、诞生三代宁波帮巨子的莲桥李宅等，这些都是历史的辉煌记忆。

来这里的投资者和当地的保护者都怀有一颗敬畏历史之心，希望能还这方古老建筑以原初的面貌。莲桥第的改造以"尊重、保护、原味"为核心理念，综合利用了原地保护、原貌迁建、空间转换、风格内饰、科技渗透等手段，保留一切可以保留的院落、建筑外墙体、原有屋顶体系以及具有宁波地方特色的建筑细部等；尊重原有肌理；尊重并恢复原有的院落体系、街巷结构、城市天际线，使建筑与景观、建筑与建筑自然结合；设计开放的城市空间，并重新设计、改造室内空间，使其具有新的功能。

在南方，保护和修复古建筑是有很大难度的，因为江南地区温湿的气候，虫害、潮湿、台风成了莲桥第街区保护的三大难题。但莲桥第修葺的难度还不止于此，旧材料的稀少、老工匠的缺失以及工程量巨大都是一个个难关。为攻克难关，老材料新用途，坚持修旧补旧的原则，灵活性地采用"拆东墙补西墙"的做法，在旧材料极为有限的条件下，最大限度地恢复了老宅的外墙原貌。其中，为达到"修旧如旧"的效果，莲桥第尽可能地采用旧材料，一砖一瓦一木都要经过时间的洗礼。老工匠们翻翻捡捡，敲敲打打，专注在旧材料堆里捡宝。每一根旧木，需要老师傅约两天的时间才能修补完成，从翻捡、删选到刨光、去钉、凿洞，烦琐的工序变成艺术，贯通了历史与现今的脉络纹理。

很多人也许不知道，每一块砖瓦背后都有一个故事。据一位 1980 年就开始石雕的老工匠说，用一天半的时间，才能让一朵花绽放在青石上，整个莲桥第有数不清的青石花。但为了让宁波的历史文化就此绽放，老工匠们保持一种对文化敬畏的心情，坚持"保护第一"的原则，都觉得一切时间和精力都是值得的。毕竟，历史文化街区的保护不是一件急功近利的事情。

莲桥第采用"旧瓶装新酒"的模式，让历史文化和谐地融入到城市的现代生活中。例如，西泠印社将进驻南湖袁氏宅，两者在历史和文化底蕴上一脉相承，都充满了浓浓的文化气息。甬上望族袁氏世家宅邸自南宋以来就在此，"元代甬上第一学士"袁桷也生活生长于此。宋末元初著名史学家胡三省也曾寓居袁家 30 年，注释《资治通鉴》并藏于袁家；浙东古琴学家徐天民也曾在此客居，可见袁氏老宅的文化底蕴。而有着"天下第一名社"之誉的西泠印社，也有着"保存金石、研究印学、兼及书画"的宗旨，它的入驻会让袁氏宅邸在此书香弥漫，历久弥新。

莲桥第不再让历史街区淹没在高楼之中，而是让历史街区以一种全新的姿态站在世人面前，让古建筑焕发光彩，让历史充满生机。同时，它拉近了人们与历史的距离，让更多人愿意亲近宁波的历史，了解宁波的历史，融入宁波的历史。

莲桥第是城市中的世外桃源，一个湖，一群贤人，一方院落，代表了一个城市的文明。通过系统性地保护性开发，莲桥第将打造成为一块富有历史记忆和城市价值再造，集文化展示、院落商业、人文大宅于一体的原味人文艺术院落。莲桥第将历史人文精髓，和谐地融入到现代生活方式中，营造出高雅、浪漫的历史街区氛围。无论是名门望族、商帮传奇、学术文化还是街巷民俗，都值得我们一一探寻，唤醒内心深处的人文情怀。

通过人文复兴实现城市梦想，不仅仅限于"莲桥第模式"。事实上，作为人类活动的载体，城市中积淀了大量的文化信息，人文复兴的实践要充分尊重城市的文化信息，把这些信息使人与人、人与环境得以整合起来，重新引发人们的归属感。而要发掘这些直接或者间接的文化信息，有效的方法就是通过一系列艺术等人文活动，促进社区乃至城市中人们的相互交往，鼓励人们充分表达他们的愿望，从中找寻出当地特有的物质和精神意象。

文艺活动作为城市复兴的一个重要组成部分，具有以下区别于其他人文复兴手段的特点：一是以激发人们的创造力，以促使城市问题的解决；二是鼓励人们提出问题，并发挥对城市未来的想象；三是提供城市居民自我表达的机会，这是城市居民积极参与的基本特征。它的形式灵活多样，效果往往是出乎意料的、振奋人心的和相当有趣的。

由此可见，人文活动可以为"自上而下"与"自下而上"的诉求提供桥梁，为实现城市梦想转化为相关的政策、目标与行动提供帮助，可以带动广泛的合作伙伴关系，在区域层面上增强城市的生命力，提升城市的竞争力。此外，它可以帮助改善不利条件，增加机遇和灵活性，支持弱势群体的发展。

人文复兴的最终目的是恢复城市的活力和城市生活的繁荣，经济目标只是实现这一社会目标的手段。因此，在以人文复兴实现城市梦想的实践中，应该把关注的焦点从以往的经济效益，转变为更多地考虑城市的文化因素和文化价值，以努力创造一个综合的多功能的城市环境。

第五节　警惕唐·吉诃德式的规划理想

> 人法地，地法天，天法道，道法自然。
>
> ——《道德经·第二十五章》

老子这句话的意思是说，人们依据于大地而生活劳作，繁衍生息；大地依据于上天而寒暑交替，化育万物；上天依据于大"道"而运行变化，排列时序；大"道"则依据于自然之性，顺其自然而成其所以然。在这里，"道"就是自然规律，老子强调效法或遵循自然规律，包括自然之道、社会之道、人为之道。老子的"道法自然"是万古不变且放之四海而皆准的真理，对于当前中国城镇化进程中如何进行城市规划建设同样具有指导意义。只有根据不同发展阶段的城镇化规模，弄清不同地区的城镇化内涵，选择合适的城镇化模式，做到着眼未来、规划先行，立足生态、绿化产业，联合治污、集中处理，就能够实现城镇化与环境质量的双赢。

对于环境治理问题，中国政府历来都很重视。1991年6月，应中国政府的邀请，来自亚、非、拉41个发展中国家的部长在北京举行了"发展中国家环境与发展部长级会议"，大会发表了《北京宣言》，深入讨论了国际社会在确立环境保护与经济发展合作准则方面所面临的挑战，特别是对发展中国家的影响。呼吁世界各国携手努力，共同推动海洋的可持续发展和人类社会的和平与繁荣，"在不妨碍经济发展的前提下，发展中国家将充分参与保护环境的国际努力，并且强调，如果发达国家能作出积极的、建设性的和现实的反应，从而形成一个适于全球合作的气氛，我们就能和发达国家一道，共同为自己和后代开创一个更加美好的未来"。《北京宣言》标志着发展中国家在环境与发展领域团结合作、协调行动的方面共同翻开了新的篇章，也展示了我国环境治理决心。

如果说《北京宣言》重在环境治理方面，那么2014年3月中共中央、国务院发布的《国家新型城镇化规划（2014—2020年）》，则明确提出了城市群为新城化发展的主体形态，因而被认为是标志着中国城市化从寻求"量变"到追求"质变"的转型。针对这个规划以及中国近年来城镇化过程中的现实问题，被誉为世界级城市规划大师的彼得·霍尔在接受采访时提出了自己的见解，其思考之丰富实在颇为难得。

彼得·霍尔说："中国现在有三个明显的区域都市群：京津冀、长三角以及珠三角都市群，它们都已被城镇化规划确认为国家级都市群。特别是长三角和珠三角都市群，是真正意义上的'巨型城市群'，甚至是世界上发展规模最大的都市群。"他认为这个规模的城市群"只在中国能实现"。

对于都市群发展规划的要点，彼得·霍尔主张协调都市群内部的城市关系。他认为，长江三角洲都市群里有许多重要城市，但很大程度上仍依赖于作为核心城市的上海；与之相较，珠江三角洲都市群略有不同，它也有许多重要城市，但香港和广州形成了分布两端的双核心。显而易见，这两个都市群的城市增长力开始分散，变得不那么集中。这是必然的现象和过程，因为核心城市不可能一直容纳不断增长的人口。首先必须将核心城市的人口转移到其他次级城市，同时又需要采取措施，使这些人口在那些城市再度聚集。这就好像上海将部分人口、产业向苏州转移，而人口则重新在苏州聚集。但与此同时，苏州区域内也会发生本地的扩散，进而继续发展。

按照《国家新型城镇化规划（2014—2020年)》的要求，要根据不同地区的自然历史文化禀赋，体现区域差异性，提倡形态多样性，防止千城一面，发展有历史记忆、文化脉络、地域风貌、民族特点的美丽城镇，形成符合实际、各具特色的城镇化发展模式。注重人文城市建设，发掘城市文化资源，强化文化传承创新，把城市建设成为历史底蕴厚重、时代特色鲜明的人文魅力空间。

江苏江都建设局总规划师韩嘉志、江都规划建筑设计院高级规划师赵云鹏，在《人文精神——城市规划中永恒的底蕴》一文中进行了深入研究与探讨，并提出了几项实际措施，值得以人文价值为主导的核心智库借鉴和思考。

1. 努力提高城市管理者、规划师和市民的人文素养，构建和谐社会

"地要绿化，人要文化"，只有树立正确的价值观、发展观，才能对城市从人文生态价值取向上加以规划建设。

核心智库首先要与时俱进，富而思文，为适应现代城市发展变化日益加快的要求，不断探求知识经济的本质内涵，学习和吸收先进文化的精髓，融合传统多元文化，提升自身的文化素养和审美情趣，增强创新意识，真正了解一个城市的过去，熟悉城市的现在，把握好其未来，制止决策者在决策过程中因"权力审美"造成的危害。其次是积极进行专业技能培养，不断拓展自己的人文综合涵养，广泛汲取文学、艺术、哲学、法学、历史学、社会学、政治学等各方面的知识，比如学习欧美等发达国家城市规划建设经验，形成丰富的文化积累。

2. 以城市物质空间为载体，融会人文精神的底蕴

在城市规划中，要立足当地实际，充分挖掘地方人文资源，从有形的城市传统布局、建筑形态、景观风貌、质地肌理、空间特色到无形的民风民俗、人物典故、历史事件、传统文化艺术等非物质文化资产中汲取营养，以人为本，合理采用近人的尺度，贴切环境的人文主题，匠心独运，以物质空间为载体，将抽象的人文精神具象化，将隐性的文化显实化，通过塑形、创意、建境，赋予物质空间丰富的人文生命力。

在城市居住区、商业办公区、工业区、休闲娱乐区乃至道路、建筑物、广场、雕塑、桥梁、花草树木、亭台楼榭、灯椅池栏等的建设中，倾注创新技艺，传承地域文脉，塑造场所精神，彰显人文关怀，提升城市内在品质，实现人文精神价值取向与物质功能要求的高度和谐统一。让市民在生产、生活休闲中沐浴高品质文化的熏陶，增强市民的归宿感和认同感，使整个城市的空气中散发浓郁人文氛围。切忌将城市这一人类栖居地建成混凝土的森林，文化的沙漠。

3. 增加城市人文精神的整体特征规划或专题研究

城市规划一般主要侧重于城市性质、发展目标、发展规模、土地利用、空间布局及各项基础设施配置等方面的综合部署和实施措施，而对城市社会文化的规划研究相对不足。由于城市规划与人文精神的互动影响，在规划中应增加对城市人文资源的专题分析研究、规划，使规划更趋于综合。

4. 重点突出城市文化设施的建设

现代化的城市需要一流的文化服务设施做支撑，城市规划中要重点抓好图书馆、美术艺术馆、博物馆、戏剧院、文化中心、展览馆、各类学校、书店等公益性文化艺术设施的规划建设，外形上要突出其形象标志，选址上要便民使用，功能齐全，品位高雅，寓教于乐，多渠道提高市民的人文素养。要抓好城市历史文化遗存的保护、修缮及复建工作，维持历史记忆坐标，延续地方文脉。

总之，在全面落实科学发展观的前提下，用人文精神的指导、科学精神的实践，将城市规划建设好，实现人与自然、物质与文化和谐协调，确保城市健康可持续发展，是核心智库规划城市时义不容辞的责任。

第四部分

人文价值为核心的城市运营

第九章 城市运营的核心战略

城市运营作为城市建设与发展的系统工程，需要社会各方面力量的参与。作为中国新型特色的核心智库，需要致力于发挥一贯倡导的人文价值在城市运营中的作用，为城市发展战略的形成与城市规划建设的实施献计献策，以彰显城市文化魅力，塑造城市文化品牌形象，提升城市核心竞争力，这是时代赋予核心智库的重要历史使命。

第一节 核心智库在城市运营中的战略地位

> 隋文帝以为不便于事，于是皇城之内惟列府寺，不使杂居，公私有辨，风俗齐整，实隋文之新意也。
>
> ——《唐两京城坊考·卷一·皇城》

《唐两京城坊考·卷一·皇城》是清代著名地理学家徐松的著作，这段话中的"皇城"就是隋代兴建的大兴城，也就是后来的唐长安城。在当时，隋文帝杨坚建立隋朝后，最初定都在汉长安城。但当时的长安破败狭小，水污染严重，于是命城市规划和建筑工程专家宇文恺另建一座新城。宇文恺与左仆射高颎及一班建筑师、工匠合力谋划，选址在汉长安城东南方向的龙首原南坡，仅用9个月左右的时间就建成了宫城和皇城。583年，隋王朝迁至新都，因为隋文帝早年曾被封为大兴公，因此便以"大兴"命名此城。宇文恺是隋代有名的城市规划、建筑设计大师，主持建造许多大型建筑，如开凿广通渠工程、建仁寿宫工程、建造可坐几千人的大型帐篷、制作大型活动建筑"观风行殿"等，堪称隋文帝的城建智囊，也就是现在所说的"核心智库"，其标志性建筑大兴城的兴建就体现了隋王朝中央政府的"隋文之新意"。

事实上，隋唐时期的都城规划与建设除宇文恺首建奇功外，唐高祖李渊建唐定都大兴城并更名为"长安"后，在龙首原上又建有大明宫，使李唐王朝更加占有高亢而优越的地理位置。有唐一代，在国家城建团队——核心智库的进一步规划和建设下，终使大唐长安城成为了当时世界第一大都市。唐代长安城的经济和文化发展得十分迅速，盛唐时期的长安城一直充当着世界中心的角色，已是当时世界上最大最繁华的国际大都市。有资料显示，长安城的人口极盛阶段超过100万人，这在那个年代是绝无仅有的。

在历史跨越了1000多年之后的2014年6月，在卡塔尔多哈召开的联合国教科文组织第38届世界遗产委员会会议上，唐长安城大明宫遗址作为中国、哈萨克斯坦和吉尔吉斯斯坦三国联合申遗的"丝绸之路：长安—天山廊道的路网"中的一处遗址点成功列入《世界遗产名录》。现在，大明宫国家遗址公园作为西安城市建设、大遗址保护和改善民生的重点工程，已经成为西安的"城市中央公园"。在新的历史时期，大明宫国家遗址公园保护的总体思路是，以文化大策划和超前规划为先导，以大明宫国家遗址公园的建设为带动，以组织大型城市运营商参与土地一级开发为主导，以"整体拆迁、整体建设"为保障，以改善区域人民生活水平、提升城市品质为宗旨，努力建设人文、活力、和谐西安的示范新区，探索大遗址带动城市发展的新模式，开辟大遗址保护和利用的新路径，积累城市整体拆迁与开发建设的新经验。

通过对隋唐都城规划建设的回顾，尤其是现在对大明宫国家遗址的保护与人文价值的挖掘和梳理，我们不难看出核心智库在城市运营中的战略地位。正是由于城建智囊在历次规划与建设中注重人文价值，发挥出了不可替代的经营能量，才使大兴城、唐长安城、西安市3个不同时代、不同名字的城市显示出非同凡响的品牌力量。

城市经营也就是城市运营，它的主要作用在于推进城市资产的保值、升值和增值；扩大城市的经济实力，完善城市的多种功能，优化城市的生态环境，提高城市的品位，增强城市的综合竞争能力和知名度。大兴城的历史变迁就是最好的例证。

中国的城市运营是我国学者在城市发展实践中对"城市经营"理念的升华。它包括两层含义：一方面，政府和企业在充分认识城市资源的基础上，运用政策、市场和法律的手段对城市资源进行整合、优化、创新而取得城市资源的增值和城市发展最大化的过程。另一方面，对于城市来说，城市资源不仅包括如土地、山水、植被、矿藏、物产、道路、建筑物等自然资源，还包含涉及历史文化遗产、社会文化习俗、城市主流时尚、居民文化素质、精神面貌等人文资源。增强一个城市的综合竞争能力，就是既有效增加城市的物质财富，又增加城市的精神内涵。通过城市运营，能够把城市的自然资源和精神资源有效地推向市场，使城市的综合竞争力得到提高，城市的财富增加，城市居民生活质量和幸福感得到提升，这是城市运营问题的关键，也是城市运营的终极目的。

城市运营既是市场经济不断深入的结果，也是中国城市化快速发展的必然课题。而核心智库作为直接为党委、政府决策服务的政策研究机构，在对城市的自然资源、基础建设和人文资源进行优化整合和市场运营，以实现资源的合理配置和高效利用方面，必将在城市运营方面发挥越来越重要的作用。

第二节　人文价值是为城市运营练肌肉

> 手如柔荑，肤如凝脂，领如蝤蛴，齿如瓠犀。螓首蛾眉，巧笑倩兮，美目盼兮。
>
> ——《诗经·卫风·硕人》

《诗经》成书于先秦时期，是中国最早的一部诗歌总集。这首诗中形容嫁给卫侯的齐侯的女儿双手白嫩如春荑，肤如凝脂般细腻，脖颈粉白如蝤蛴，齿如瓜子般洁白整齐，可见古人审美标准之一斑。齐侯的女儿之所以美丽，在于她的双手、皮肤、脖颈、牙齿等均为天生丽质，这种"天然性"就是一种宝贵的资源。其实，人之健美如同城市之健美，如果说人的天然资源是身体的硬件，那么城市的天然资源则更多体现在软件上，而其中的人文资源尤为重要。事实上，古今中外的无数事实证明，一座城市如果对人文资源加以科学运营，在城市规划建设中注重人文价值，会促使这座城市实现可持续发展。软件是硬件的核心价值所在，人文价值作为城市运营的软件动力，以此来经营城市，如同为城市运营练"肌肉"，可以塑造一个城市强劲的品牌力量。

任何一个城市总是对应着或多或少的历史、故事、人物和传奇等人文因素，这些因素曾直接或间接地影响着城市自身物质形态的生存废亡，也有相当一部分通过建筑这个物质载体进行附会和再表达。嘉兴市正是由于对这种人文与物质互动的诠释，使得嘉兴发展了它的人文内涵，成就了嘉兴的个性文化。

7000 年人类文明史、2500 年文字记载史、1700 年城市建立史、千年古城、运河明珠、革命圣地、丝绸之府……这是嘉兴市一张张华丽的文化名片。在这些名片中，作为嘉兴城中现存最大、最古老的文物，大运河是嘉兴具有世界意义的金名片。大运河嘉兴段修建年代最早，可追溯至春秋时期，是中国人工修筑最早的运河之一。隋代江南运河的开凿，让大运河嘉兴段成为京杭运河的重要河段，从此确立了嘉兴"左杭右苏""南北通衢"的运河古城地位。如今的嘉兴城内，110 千米大运河穿城而过，形成了独特的"运河抱城、八水汇聚"奇观。

在城市规划建设过程中，嘉兴不断梳理着属于自己的"家底"。截至 2011 年年底，全市共有全国重点文物保护单位 12 处、浙江省文物保护单位 54 处、市级文物保护单位 335 处，其中，市本级有全国重点文物保护单位 4 处、省级文物保护单位 15 处、市级文物保护单位 60 处；市级文物保护点 141 处；馆藏文物 6 万多件。在"非遗"名录申报上，全市已有人类非物质文化遗产代表作名录两项，国家级非物质文化遗产 13 项，省级非物质文化遗产 44 项，市级非物质文化遗产 134 项。全市公藏古籍 105858 册，其中善本 12127 册。14 种 5486 册善本入选《国家珍贵古籍名录》、94 种入选《中国古籍善本书目》。嘉兴市图书馆为第二批全国古籍重点保护单位。

与此同时，嘉兴还拥有一批国家、省、市级民间文化艺术之乡、传统节日保护地、非物质文化遗产生态保护区等。市区除 6 座国有博物馆纪念馆外，另有电力、邮电、丝绸、粽子、地质等民办博物馆或收藏馆。在历史文化研究方面，《马家浜文化》《嘉兴市第三次全国文物普查重要新发现》《嘉兴文杰》《我们的大运河》等一批有重要价值的研究成果陆续出版。

从"抢救性保护"到"预防性保护"，从"局部性保护"到"综合性保护"，走进"十二五"，《深入推进历史文化名城保护工作意见》《嘉兴市文物事业发展"十二五"规划》等一系列政策方案相继出台。凸显嘉兴名城特色，彰显禾城文化个性，提升市民文化品位。"一控二理三显"的古城保护思路展现着城市的历史感和完整性。历史文化街区、文物古迹、历史建筑等展现嘉兴内涵的核心要素被一一理清。马家浜文化、运河文化、红色文化和端午民俗文化等体现禾城风采的独特符号被一一激活。

在嘉兴，了解一周文化信息，接受一次以上培训，欣赏一场以上演出，听一场以上讲座，看一场以上展览。由图书馆、文化馆、博物馆和美术馆推出的各类展览、讲座、培训、演出活动以"周周有活动"的频率、"样样全免费"的姿态全面开展。据统计，截至 2012 年 3 月初，全市已举办免费公益展览近 70 场，各类讲座、培训、辅导、演出近 300 场，直接受益群众近 40 万人次。

一个城市的先进设施和优美环境，是必须具备的形象，是城市的血肉和骨架。而独有的文化个性、文化风格和文化品位，则是城市不可或缺的灵魂，尤其是一个城市的人文资源，更是城市个性、风格、品位的关键所在。在这一点上，嘉兴让悠久的历史底蕴、深厚的文化内涵焕发出夺目光芒，以人文价值练就的城市"肌肉"显示出强劲的品牌力量。2011 年 1 月，嘉兴正式被国务院列为国家级历史文化名城。2011 年 12 月，嘉兴正式被授予全国文明城市荣誉称号。

第三节　城市运营核心战略的构建与推进

方如行义，圆如用智。动如逞才，静如遂意。

——李泌《咏方圆动静》

《咏方圆动静》是唐代名相李泌的著作。这句话的意思是说，在仗义直行时应该堂堂正正，但要做到周全地进退舒缓。在动的时候要展示才华，一旦在宁静中参悟棋局真谛，必是扬名天下。李泌说这句话时只有 7 岁，但却深得进退、取舍、攻守、纵收的围棋之道，善于把握主动权，其"智圆行方"被古人当作境界极高的人生道德和智慧，许多人以此为修身之道。其实，现代城市运营就像下一盘围棋，开盘"布局"相当于城市发展战略的制定，需要确立城市的经济形态，并挖掘城市的文化形态，充分利用城市资源体现其人文价值；中盘"博弈"相当于城市综合运作，主要是城市形象的包装与推广。

城市运营不是独立于城市规划、建设和管理之外单独运作的一种手段和程序，而是一种思想观念。它渗透、贯穿于城市规划、建设和管理的全过程，即以运营的思想规划城市，以运营的手段建设城市，以运营的方式管理城市。这3个方面的课题用一句简单的话说就是：城市运营核心战略的构建与城市运营核心战略的推进。

先来看城市运营核心战略的构建。我们现在所进行的城市规划，是在总体上实现小康社会的基础上，描绘现代化城市建设的蓝图。一方面，规划21世纪的现代化城市，仅有工程技术知识是不够的，必须强化城市运营的理念；遵循市场经济规律，做到城市资源的优化配置，为城市运营创造良好的生活环境和运营环境。另一方面，城市规划与城市运营是相辅相成的关系，城市规划利用其综合的观点和整合的能力，规划好城市的空间布局，就有助于防止城市运营中某些不顾大局、片面追求经济利益的短期行为；而城市运营则发挥其驾驭市场的能力，成为贯彻实施城市规划的重要手段和保证。在市场经济条件下，城市规划的实施，虽有城市政府行政力量的支持，但常会受到市场经济利益的冲击。解决矛盾最好的办法不是简单的行政命令，而是通过正确的运营策略，既保证城市长远的整体利益，又使得当前的局部利益得到满足。

城市运营核心战略的推进是将战略落到实处的必然途径，包括了上述3个课题的后两项内容，即以运营的手段建设城市和以运营的方式管理城市。以运营的手段建设城市要用市场运营的手段来运作，以确保城市建设有投入、有收益，进入良性循环的状态。其主要做法主要有开发和盘活城市土地资源、建立基础设施项目投资回报补偿机制、大力推行无形资产的商业化运作、开辟多元化融资渠道等。以运营的方式管理城市，主要是建立"管理是服务"的新观念，以及转变城市政府职能，实行城市资产所有权与运营权相分离。具体来说，主要有以下几种主要模式。

1. 实施治理环境改变城市面貌的运营模式

比如，大连市在制定城市总体发展战略时，就明确提出"要面向市场、面向国际，把大连建设成现代化的国际性城市；城市的主要功能是旅游、商贸和港口"。为此，大连市政府核心智库以整治城市环境为突破口，推动城市经济、社会与环境的协调发展，增强了城市的吸引力与辐射能力，走上了国际市场成为名牌城市，是实施环境经济运营城市的先进范例。同时，通过大量城市土地功能的置换，市政府手中有了土地，改善了投资环境。通过招商引资，使大连的工业、港口交通都得到了发展；更为突出的是建设了一大批高档的旅游宾馆、贸易中心、展览馆等公共设施，增强了城市对外开放的功能。

2. 建立土地储备中心盘活存量资产的运营模式

由于管理体制的滞后，各个城市都存在许多土地使用的弊端。比如，城市土地的多头运营、城市规划对城市用地功能的失控等。在这方面，杭州市政府进行了城市土地管理制度的创新。通过对全市的土地实行统一收购、统一规划使用功能、统一招投标与拍卖，市政府完全垄断城市土地的一级市场，并取得了多方面的效益。杭州市建立城市土地储备中心的制度创新战略，受到国土资源部的重视，在 2001 年已确定为全国土地资本运作的试点城市。后来全国已有上海、青岛、珠海、南通、宜昌等 70 多个城市开始实行城市土地储备制度。

3. 实施名牌产品战略占领国际市场的运营模式

运营名牌产品对加强市场竞争能力、扩大城市经济实力与提升知名度起着重要的作用。一个城市要想在国内、国际市场上有一定的知名度，关键在于运营名牌产品，在竞争中占有一席之地。比如，青岛市政府核心智库实施名牌产品战略，带动了二三产业的全面发展，已形成互动的产业链，从而构建了城市强有力的总体美誉度，名扬海外，极大地提高了城市的吸引力。

4. 实施创新战略为中心城市服务的运营模式

比如，地处北京市密云县走环境立县、科技兴县、依法治县的创新战略，取得了突出的业绩，经济增长、城镇建设跃居北京所属各县之首。主要的创新举措是：把困难留给自己，为投资者提供服务，将县政府 30 多处分散的办公楼、县委招待所等拍卖给投资者；招标拍卖街道和建筑物上的广告使用权，道路、桥梁、雕塑的冠名权；用盘活这些存量资产所得整治环境、建设基础设施，引进高科技，从而吸引来很多省市的投资者。

5. 发展非公有制经济的运营模式

个体、私营等多种形式的非公有制经济是社会主义市场经济的重要组成部分。非公有制经济对于中小城镇的发展起着极为重要的推动作用。例如，河南省的长垣县，在既无外资又无国有投资的情况下，大力扶持非公有制经济的发展，在短短的 6 年时间里，就建成一座环境优美、市容整洁、具有现代气息的新县城，称为河南的"小温州"。

6. 凭借大交通发展大市场的运营模式

"要想富，先修路"，已成为城乡发展的普遍规律。这几年我国的铁路、高速公路建设快速发展，有效地带动了一批城镇的大发展。例如，河北的衡水市，这几年抓住京九铁路穿越该市、贯通南北的机遇，运营建设大市场，组织专门队伍到各地招商引资。很快就使衡水成为北京、天津、重庆、广州等地大公司的投资热点，运营服装、食品、化妆品等各种市场；同时制定政策鼓励农民进城务工经商，使城市经济活跃、人气旺。为改变城市面貌，政府核心智库又进行城市设计，使老城区全面改造，面貌焕然一新。

7. 突出城市特色运营文化名城的模式

山东曲阜市政府核心智库利用孔子故里和历史文化名城的特色优势，把城市个性、城市文化作为城市重要的无形资产来运营。围绕孔庙、孔府、孔林文化古迹建设富有特色的城市街区，吸引世界各地的游人；建立孔子研究院，邀请世界各地教育家来此办学、举行学术活动；组建以孔子系列书籍为主要内容的出版事业，从而形成了城市的特色，提高了文化品位，也吸引来各方的投资者。曲阜市由于运营得法，获得了较前大为充裕的城市建设资金，并在后续发展中加快了步伐。

第四节　人文价值运营让城市激情勃发

今年游寓独游秦，愁思看春不当春。上林苑里花徒发，细柳营前叶漫新。公子南桥应尽兴，将军西第几留宾。寄语洛城风日道，明年春色倍还人。

——杜审言《春日京中有怀》

《春日京中有怀》是唐代诗人、"诗圣"杜甫的祖父杜审言的诗作，诗中抒发了怀友思归之离情，表达了对洛阳和在洛阳的朋友的眷恋和思念之情。这首诗中的"上林苑"，就是汉武帝刘彻于公元前138年在秦代的一个旧苑址上扩建而成的宫苑，规模宏伟，宫室众多，有多种功能和游乐内容。现在，西安市致力于将大汉上林苑文化资源优势转变成文化经济优势，对西安市的建设与发展发挥出了持久的作用力。其实，任何一座城市不仅要经济发达、物质丰富，更要给这座城市注入具有魅力的文化灵魂，让它变成一座人文激情勃发、能够诗意栖居的城市。

通过人文价值运营让城市激情勃发，是城市发展的终极目标。以下这几座城市通过文化创意，彰显人文价值，有力地证明了人文价值运营对城市凝聚力、影响力和辐射力的影响。

青岛市通过文化创意，文化产业优势日益凸显：包括影视传媒、演艺娱乐、文化产品研发制造、出版发行印刷、文化创意、动漫游戏、文化节庆会展和文化旅游业在内的青岛八大滨海特色主导性文化产业集群快速发展。截至2010年，青岛共有文化产业单位4900余个，文化产业个体经营户7291个，文化产业从业人员占全社会从业人员的比重为5.4%。其中，青岛重点培育的销售收入过亿元的文化企业就达87家，形成了一批自主创新能力好、综合实力强的文化企业和企业集团。

杭州市文化创意产业的发展走势异常抢眼。杭州市委曾经明确要在新一轮解放思想大行动中推进杭州转型升级，建立"3＋1"现代产业体系，2011年以来，杭州市文创产业呈现良好发展态势，八大行业快速发展、产业规模持续扩大、产业集聚进一步加快、园区建设卓有成效、领军企业不断壮大、两岸四地合作继续加强，文化产业发展成效显著。

　　长沙是国内动漫游戏产业的先行者和传播者，也是动漫原创制作的大本营。2010 年，长沙市委、市政府在科学分析当今世界城市发展大势的基础上，提出了用 10～15 年的时间将长沙建设成为国际文化名城的战略目标。长沙动漫游戏产业应及时抓住产业结构调整的有利时机，积极推进行业的新一轮大发展。把长沙打造成原创动漫之都，就是要以动漫的原创为龙头和核心，通过动漫的制作、版权交易、音像产品制作与交易、衍生产品的开发、生产和交易，形成产业链条，带动产业聚集，把动漫产业的经济总量做大，提高动漫产业对区域经济发展的贡献度。

　　苏州文化底蕴深厚，当年伍子胥"相土尝水，象天法地"的地方就位于古城苏州正北部的相城区。苏州市用文化引来诚品书店，2011 年 5 月，诚品书店大陆第一家分店在苏州金鸡湖畔举行开工仪式。和所有开工仪式不同，诚品开工仪式现场处处洋溢着浓郁的文化气息，白色玫瑰花、文化长廊、起印仪式……诚品的开工仪式更像一次文人雅集。"诚品书店"是中国台湾著名的大型连锁书店，由台湾文化名人吴清友先生于 1989 年创立。诚品书店历经 20 多年的发展，已经成为中国台湾地区最具代表性的文化地标，不但中国台湾民众喜爱前往，也是中国香港、新加坡、日本旅游团游览台湾的必游景点，每年有 9000 万人来到诚品书店品读生活。诚品书店还曾被《时代》杂志亚洲版评选为"亚洲最佳书店"。苏州凤凰国际书城将保留原来新华书店的品牌及优势，以多而全的图书为主业，又以副辅主，文化和商业有机结合到一个前所未有的高度。在凤凰国际书城这座新型文化中心，图书、影城是文化主力店，与之相伴的各类商家将和主力店一起支撑起整个文化中心的运营，使书香气在这里永留。

天津市委、市政府把加快文化产业发展作为转变经济发展方式的重要举措，紧紧围绕建设文化强市目标，实施文化产业振兴规划，按照高端化高质化高新化的发展方向构建文化产业体系，通过大项目带动战略培育新的经济增长点，2010 年，文化产业增加值占 GDP 比重上升到 3.33%。在一批批文化产业大项目、好项目落户天津的同时，天津市还不断加强与国家有关部委的联系与合作，建设了一批国家级文化产业项目集群。目前，落户天津的国家级文化产业园区已经达到 8 个，其中，国家影视网络动漫实验园、国家影视网络动漫研究院去年建成，中新天津生态城国家动漫产业综合示范园也已开园。

第十章　城市运营实战体系

市场在资源配置中的决定性作用越显越强，城镇建设的主体必然从政府转化为特定的城市开发运营商，而城镇运营则更体现出了多元化运营格局，各种投资主体、企业和中介组织参与其中或主导施行。转型后的政府工作核心向提供配套服务和运营监管发挥作用。

第一节　市场在前，政府在后

> 秦已并天下，筑长城，因地形，用险制塞，起临洮，至辽东，延袤万余里。
>
> ——《史记·蒙恬列传》

《史记》是西汉史学家司马迁的史学巨著，是中国历史上第一部纪传体通史，被鲁迅先生称为"史家之绝唱，无韵之离骚"。从引文中，可以看出中国第一条万里长城修建的原因、过程、作用、方法原则和大致走向。其中"因地形，用险制塞"的原则，一直为历代封建王朝修筑长城时所遵循。秦始皇灭六国之后，即开始北筑长城，以防匈奴入侵，保护北部边境人民的生命财产安全。在当时，秦政府做出筑城计划后，动用了社会各方面力量，耗费了巨大的人力、物力和财力，最终完成了这项举世瞩目的浩大工程。这种政府出计划，社会各方落实执行的做法，与现在的城市运营颇有类似之处。

城市化、市场化必然催生城市运营，而城市运营必然需要两个主体，一个是政府，另一个是开发商。政府核心智库对城市进行科学合理的前期规划，推进以人文价值为主导的核心智库在城市发展运行中的作用，政府职能起保驾护航的作用，即所谓"政府在后"。开发商是政府买的服务，它在以市场为导向的同时，必须将政府的规划落地实施，使人们的生活更加便利，即所谓"市场在前"。在这个过程中，市场在资源配置中起决定性作用，这是中国现阶段经济体制改革进一步深化的体现。

房地产开发商，特别是实力雄厚的优秀开发商，具备了配合政府开发的综合素质与能力。于是那些资金雄厚，进行成片土地大规模前期开发的城市运营商们逐步成为土地"新贵"。云南城投置业股份有限公司（以下简称"云南城投"）、中南控股集团和万达广场，这3家企业都是通过以整合各方资源而将政府规划落地实施的。

云南城投以"政府引导、市场机制、企业运作"为指导思想，围绕云南省委、省政府关于城镇化建设的战略部署，实现政府意愿。目前已形成以"城市开发"和"城市水务"为主业，以教育、医疗、酒店、金融、循环经济为城市功能配套业务的发展战略格局。其中，城市开发是核心主业。围绕主营业务，云南城投集团在完善城市配套功能方面进行了有效性投资和差异化投资，在教育、医疗、环保、金融等领域实现了突破性进展。由云南城投集团投资的昆明理工大学津桥学院，已发展成为云南省唯一具有理工特色和双语教学特色的知名独立学院。作为全国第一个并购三级甲等公立医院的成功案例，由云南城投集团投资建设的"昆明市第一人民医院北市区医院"正处于稳步推进中。借助从国内外引进的相关先进技术和"废弃物资源化国家工程中心"的研发能力，由云南城投集团组建的循环经济公司正着力于建立循环经济产业集群，建设"国家级循环经济示范基地"，推动循环经济的产业化发展。同时，按照市场化运作机制，云南城投集团还在金融方面进行了相关拓展，牵头组建了云南省地方保险公司。

云南城投的发展速度是巨大的，以上市资产为例，他们于2007年"借壳"上市时其资产总额是9.58亿元，截至2013年12月底，其资产总额上升到了241.81亿元。资产的极速膨胀，显示着云南城投高速的发展、扩张之路。

云南城投在品牌建设方面更是取得了重大的突破，用"360°生活运营商"的概念来丰满品牌形象。事实上，云南城投完全担当得起这个概念所对应的高要求——产品类型多元化，适应了顾客对住宅、商业、商务、旅游的全方位需求，配套服务能够获得来自集团公司酒店、教育、医疗等业务方面提供的支持；甚至于在金融理财范畴都有基金公司、保险公司作为后盾；而便利生活方面，还有集团旗下本元健康第三方支付业务的支撑。云南城投汇集多方之力以不负"360°城市运营商"这一称号。

现代化更积极的意义不在于无节制的追求财富，出路之一在于通过优美精良的城市、优美精良的文学艺术和城市文化，找回我们自己本源的谦恭美丽，温良适度。云南城投的作品，大部分是城市开发项目，其推出的城市作品被命名为"融城"系。目前融城系有两个项目面市，融城金阶和融城优郡。和其他城市作品不同的是，云南城投认为，一个建筑如果脱离了对应的历史文化背景，就会变得难以理解。融城系产品不遗余力地检视自身，除了打造一群建筑体，他们更乐于将自身放置在一个更为广阔的文化环境中来观察。因此，融城系产品的目标都指向"城市发展引擎"，在这个目标的指引下，融城系产品拥有几个共同特点：核心地段、高端商务、综合配套、广阔前景，打造一种居住、商务、商业等多元一体化生活模式。

中南控股集团是江苏省最具知名度的民营企业之一，凭借实力，最近荣膺"造城"领袖殊荣，成为又一个"新贵"。

随着党的十八届四中全会和APEC会议的圆满召开，中国的经济发展再次走到了十字路口，许多房地产企业在寻求新的生长之路。在众多房企转型之际，陆续涌现出一批领袖级的房地产开发企业，由此，时代也赋予了他们一个新的称呼——"城市（镇）运营商"。城市化进程的不断演进及新型城镇化建设浪潮的席卷而来，让这个新名词、这股新生力量在中国蓬勃蔓延发展。而"中国城市（镇）运营商百强评选活动"是我国历史上第一个由权威媒体、政府研究机构、民间智库联合进行的城市（镇）运营商与城镇规划运营水平评定活动，确立城市运营商领域评价标准，开启经验交流之先河。

2014年11月，由中国互联网新闻中心和全联房地产商会主办的首届中国城市（镇）运营商大会在北京国家会议中心举办，会议以"新常态·新思维·再出发"为主题，在新的经济发展环境下，探讨未来中国新型城市化的机遇和发展方向，寻找优秀的城市（镇）运营好的样本。中南控股集团秉承"用智慧创造城市生命力"的品牌主张和"新兴城市综合运营商"的企业发展理念，荣膺中国城市（镇）运营商百强及中国城市运营商领袖。

中南控股集团向来以"中国新兴城市综合运营商"的角色定位要求自己，不仅是造城专家，更是中国多个城市 CBD（中央商务区）的专业缔造者。中南控股集团承政府之上，启市场之下，对所在的区域统一规划、开发、建设、运营，并用全新的商业模式去打造一个新的区域和城市。凭借每年逾 400 万平方米的开发规模，中南控股集团已成为国内新兴城市综合大盘开发的领跑者，先后创造了"中南世纪城""中南世纪锦城"等一系列城市综合体大盘，足迹已遍布中国 30 多个城市，在全国打造了响亮的中南品牌。

中南控股集团的新城开发一般会选择进入旧城外围自然延伸开发的城区，而不是孤立的新城区。在新城建设住宅时，同步配上社区、街区式的商业，紧跟着再盖写字楼和酒店，再盖时尚性购物中心和精品商业以及更高端的商务业态。在这一模式中，出售住宅可以为企业提供稳定的现金流，通过社区人气聚集可以带动当地商业，而商业可以进一步吸引企业入驻办公，提供就业机会，完成产城一体后又能为地方政府带来大量税收。政府将其中一部分投入到城建中，反过来提升了城市的居住质量和竞争力。中南控股集团正是凭借这种造城思路在实践中屡获成功，擦亮与提升了一块块土地的原有价值，创造了一座又一座城市的生命力。

如今，中南控股集团已成为中国城市运营商的优秀样本，在多个城市演绎着"造城"传奇。而将企业定位于"城市综合运营商"，乃是中南控股集团的独到之处，也正是中南控股集团深具开阔视野和开拓雄心的根本原因，更是中南控股集团未来驰骋天下、逐鹿中原的制胜法宝与成功之道。

未来中南控股集团将继续秉承"建家、筑城、启未来"的品牌理念，用智慧创造城市生命力，携房产、建筑、工业全产业链优势，坚持突破式、跨越式发展，昂首迈向新征程，强力打造中国一线品牌，与城市共赢未来，铸就百年基业。

万达广场是由国内著名地产企业万达集团在武汉投资兴建的商业大楼，一般包括购物中心、娱乐中心以及城市公寓。所建之处，往往都成为当地的地标性建筑。万达广场全国的项目按级别分为 A＋、A、A－、B＋和 B 等几个等级，中央文化区是全国唯一的 A＋级别。有人称万达广场为"中国商业地产风向标"。

万达投资发展模式有两种，一是订单地产，二是房地产开发补贴商业经营。

订单地产属于行业首创。所谓订单地产，就是开发商联系好相应的品牌商家共同对地块进行考察，当品牌商家对该地块达至一定的满意度时，开发商就对该地块投标，这样能降低开发商对商业地产项目的运营成本和招商成本。

订单地产之所以招商在前的原因是：一个购物中心一般有七八家主力店，而且是不同业态的主力店组合在一起，才能满足一站式购物的需求，同时提高所有商家的效益。主力店签约时都要求排他性，不能出现同业态的竞争对手，这些问题在建设前先处理，可以降低经营风险。由于万达广场在开工前，大部分商业面积都已确定租户，且约定商业广场从建成后的第 91 天起开始计租，因此租户不管进没进场，购物中心只要开业，一两个月就能收到租金。

房地产开发补贴商业经营主要通过 3 种方式来进行：以售养租、

房地产开发补贴商业经营、整体业态组合优化。第一，以售养租的做法很多公司都有，万达的优势在于产业链条比较完整，前端和后端能够无缝衔接，并且形成核心竞争力。第二，通过项目销售部分的销售还款平衡投资现金流，商业持有部分的低租金以达到"稳定开业"为核心目标。第三，关于整体业态组合优化，由于万达自主持有物业比例很高，主力店的租金收入比较低，回报慢，且占了大部分面积，影响整体经营收入，而万达广场采取的又是快速复制扩张战略，在资金周转上要求非常高，曾经一度陷入资金紧缺危机，所以在第三代产品万达调整了物业结构：在做购物中心的同时，开发部分写字楼、住宅或者商务公寓，通过出售这部分物业，获取充足资金来支持商业经营。

万达广场到目前已经发展到4代，其建筑特色各有不同。第一代业态简单，交通组织简单，只有简单的沿街景观。第二代业态开始丰富，除了百货商业外开始出现了办公楼、公寓以及酒店并开始自运营模式。交通组织也开始趋于多样化，有人流、车流和货运。在空间布局上呈现二维状态。此时的万达广场具备一定的地域特征但并不明显。第三代业态多样化，出现了商业广场，商业街等并与社区融合。提倡"体验性"，交通场所完备。第四代拥有屋顶花园和带形广场，逐渐演变为有主题性的文化气息浓厚的商业城镇。武汉的中央文化区是第四代万达的先行者，其各项指标和规划均符合"万达城"的概念。

武汉中央文化区建筑总面积340万平方米，这个项目绝对是史上无法复制的万达产品，因为没有哪个城市的市中心有这么多大型的天然湖泊，并且由政府联合开发商主导湖泊联通工程与地产结合，也没有哪个城市受到万达如此关照，在一个城市开10个万达，更没有哪个城市的居民对万达如此狂热的追捧。相比第三代万达，武汉中央文化区在各方面都有大的突破，也有些共同点：以一条商业步行街为灵魂，串联起万达广场、汉秀剧场、电影城、写字楼群等其他各类物业。并通过住宅、写字楼等可售物业回笼资金。500 亿元的投资，是需要规划大量的可售物业回款不断支撑滚动开发的。

第二节　人文走心，价值立城

> 粗缯大布裹生涯，腹有诗书气自华。厌伴老儒烹瓠叶，强随举子踏槐花。囊空不办寻春马，眼乱行看择婿车。得意犹堪夸世俗，诏黄新湿字如鸦。
>
> ——苏轼《和董传留别》

《和董传留别》是北宋著名文学家、书画家苏轼的诗作。诗中的"腹有诗书气自华"一句广为传诵，原因就在于它经典地阐述了读书与人的修养的关系。读书的作用不仅在于拥有知识，还在于提升人的精神境界。读书之于人如同人文价值之于城市。一个人阅读思想内容深刻、艺术水平高超的书才能真正获益；一座城市传承优秀的历史文化才能打造出真正意义上的城市形象。

优秀的传统文化是城市运行的内核，相当于计算机的中央处理器，没有人文，城市就没有温度、没有深度、没有厚度、没有智慧，是所谓"人文走心"。当然，并不是所有传统文化都能为城市发展贡献力量和智慧，并不是所有人文都能成为经济大动脉中的血液，只有那些有科研价值、有经济价值、有示范价值、有世界性价值、有教育价值、有传承价值、有历史价值的人文，才能对城市价值有贡献，才能使城市在中国乃至世界的城市群体里站立不倒，是所谓"价值立城"。因此，城市运营商只有具备正确的人文价值思想意识，才能在城市运营过程中塑造城市品牌。以"知性、诚信、人文、创新"为个性的北大资源集团就体现了这种精神。

北大资源集团是方正集团旗下专业从事房地产开发、教育投资、商业地产运营、物业经营管理等业务的综合性房地产控股集团。他们将自己定位为资源整合型城市运营商，以"追求卓越，诚信守责，和谐共赢"为企业价值观，口号是"资源成就价值"，坚持走差异化的发展路线，业务包括教育地产、健康地产、科技地产、金融地产、商业地产等，打造具有显著人文、科技和绿色概念的教育社区、文化社区、数字社区和健康社区等特色社区。

北大资源集团依托北京大学和方正集团，通过有效配置和整合教育、IT、医疗、金融等领域的内外部优质资源，提升自建项目的社区生活品质和城市价值。同时，通过战略合作，服务于外部开发商的地产项目，最终成为中国特色城市运营模式的开拓者和领跑者。

在商业开发的同时，北大资源集团深入挖掘北大深厚的人文底蕴，致力构筑新文化社区与新文化城市，以文化设施营建、文化活动发起、文化氛围塑造等，为中国城市及城市居民创造更有文化品质、更宜居、更具幸福感的生活。

北大资源开发项目涵盖城市运营、住宅、写字楼、酒店、商业、科技园、工业园区等多种类型。项目主要分布于长三角、珠三角、环渤海区、华中、西南等国家重点发展地区。

2010 年，北大资源集团获中国住交会 "2010 CIHAF 最具中国特色城市运营商特别大奖"；2011 年，北大资源集团荣获第十一届 "中国地产金砖奖——年度社会贡献企业" 大奖；2012 年，北大资源集团荣获第十二届 "中国地产金砖奖——年度创新大奖"。

"腹有诗书气自华"，也许北大资源集团更具有这样的气质。

第三节　机制为左，服务为右，产业在中间

> 执锐披坚领大兵，排兵布阵任非轻。身怀举鼎拔山力，独占东吴数百城。
>
> ——元代无名氏《衣锦还乡》

这首诗描写的是当时沙场征战、以阵对敌的将士。中国古代作战是非常讲究阵法即作战队形的，称为 "布阵"。中国古阵法不下数十上百种，其中就有与本文标题文义接近的鹤翼阵。所谓鹤翼阵，就是大将位于阵形中后，以重兵围护，左右排兵张开如鹤的双翅，是一种攻守兼备的阵形。其战术思想是左右两翼包抄。此阵要求大将应有较高的战术指挥能力，两翼张合自如，既可用于抄袭敌军两侧，又可合力夹击突入阵形中部之敌，大将本阵防卫应严，防止被敌突破；两翼应当机动灵活，密切协同，攻击猛烈，否则就不能达到目的。

鹤翼阵颇似现在的城市运营的格局：机制为左，服务为右，产业在中间。也就是说，机制和服务是城市的 "两翼"，起到保障城市运营的作用；居中的 "大将" 即产业，是城市发展的根本，产业在两翼

的策应下才能做强做大。城市运营商如果谙熟鹤翼阵之法，善于布阵，就能最大限度地发挥运营优势进行资源整合，将政府规划落到实处，最终实现自身获益、政府管理能力提升、城市健康发展等多方共赢。在这里，华南城控股有限公司（以下简称"华南城"）"诚信、和谐、共赢、分享"的经营理念，就体现了这样一种精神。华南城先帮助商家成功，再分享成功，通过多种营商措施，缩短市场培育期，迅速做旺市场，启动一方经济。

华南城是一家在香港联合交易所上市的综合商贸物流企业，2002年5月在香港注册成立，是中国规划、建设、运营大型综合商贸物流中心的领航者，致力于开发建设集多个产业门类为一体的现代综合商贸物流基地。其业务遍布中国，迄今开发建设并运营着深圳、南宁、南昌、西安、哈尔滨、郑州、合肥、重庆等地项目。

华南城以专业批发市场为本，业态涵盖仓储物流配送、综合商业、电子商务、会议展览、生活配套及综合物业管理。2013年以来，好百年家居的加盟和华诺建筑规划设计院的落成，更加丰富和健全了华南城全链条的业务生态系统，既做平台又做品牌，为华南城集团开疆拓土提供有力支撑。2014年1月腾讯控股有限公司入股华南城，双方以各自的资源优势，开展华南城线上到线下（O2O）商业模式的新探索，为商户提供更高效的一体化商贸服务，共享商贸流通覆盖全球的规模优势。

华南城始终将培育市场和为客户创造价值、为区域经济发展服务放在首位，提供优质的营商环境和专业、周到的服务，举办各类展览会、研讨会培育市场，更在营销运营、宣传推广、渠道拓展、资源整合等方面精耕细作、不断创新，借助电子商务、海外推广、行业协会等多重资源，成立采购联盟，建立常态、高效的供采对接通道。通过多种营商措施，缩短市场培育期，迅速做旺市场，激活一方经济。每座华南城的建成都将为当地城市贡献巨大税收，增加数万人的创业机会，将解决几十万人的就业，提升周边的投资环境。每到一处，都将分散的专业市场进行集中整合，降低交易成本，提升城市商贸水平和现代服务业竞争力。

华南城采取创新商贸物流模式，致力于打造核心业务体系。其经营模式主要有：专业批发市场；仓储物流配送；综合商业；电子商务；会议展览；生活配套；综合物业管理，这七大核心是华南城模式的精髓。在汇集人气、拓展销售管道、完善物流服务支持、完善商务生活配套服务、促进华南城整体运营及物业升值等方面起着重要作用。

下面，就让我们来看看哈尔滨华南城和南宁华南城是如何运作的吧。

哈尔滨华南城选址哈尔滨市道外区团结镇红利村，位于四环高速东侧，紧邻阿什河景观走廊，北临哈东第一大道，西抵哈东第二大道，长江东路从片区中部穿越，区位交通优越，距离哈尔滨国际会议中心约12千米，公交首末站及地铁一号线延长线的规划建设，不仅可以满足项目本身巨大的物流、客流、信息流的需求，同时辐射周边地区。总规划建筑面积为1200万平方米，规模相当于深圳华南城的5倍，在全国现有华南城中规模也属最大。建成后将增加5万个创业机会、20万个就业机会和每年数十亿元的税收。

哈尔滨华南城集五金机电、建材家居、服装皮革、汽摩及零配件、小商品、农副产品与食品、文化与旅游用品、化工电子等多产业门类于一体，融合综合性专业批发市场、综合商业配套、专业市场＋专业展会、仓储物流配送、电子商务平台、综合物业管理、生活配套七大核心业务，旨在打造东北亚规模最大的商贸物流市场群。一期业态主要包含装饰建材 A 区、五金综合 B 区、五金机电 C 区、华南城 1 号交易广场"奥特莱斯名品折扣中心"、华南城 2 号交易广场"香港皮草城"。二期业态包括纺织服装、小商品、汽摩配、副食品交易中心及数码家电与购物中心。

哈尔滨华南城整体规划突出新城形象，构建城市副中心，规划采用"生态优化，功能整合，交通优化，设施完善"的设计理念，以公共交通导向发展带动片区的整体发展，形成以中央商务区为中心的"一心，两轴，多片区"的规划结构布局。沿长江路和地铁线的晶城二路布置商业用地，打造现代商贸城形象。沿华南中路布置高层商务写字楼，形成商务发展轴作为本片区的商业服务配套。展馆用地布置于长江路与晶城二线之间，靠近地铁站点，在展馆用地边上配置酒店及会议中心等。物流信息中心布置在长江路以北，靠近物流仓储用地，集办公、住宿、餐饮等于一体。

哈尔滨华南城的建成不仅将为当地城市贡献巨大的税收，增加数以万计的创业机会，解决几十万人的就业问题，还将为哈尔滨经济培植新的增长点，并对提升哈尔滨城市品位和拉动区域经济起到积极的作用。哈尔滨华南城将为哈尔滨吸引具有核心竞争力、可持续发展的产业提供重要的配套支持，项目辐射范围以哈尔滨为中心，逐步扩展至内蒙古东部、吉林等交界地区，并对俄罗斯、朝鲜半岛产生重要影响。哈尔滨华南城将在东北亚构建新的欧亚大陆桥，书写北国冰城文明与繁荣的辉煌新篇章。

南宁华南城位于广西壮族自治区南宁市江南区沙井大道 56 号，东临沙井大道，南临定秋路，西临罗文大道，北临定津路，距南宁火车南站3千米，距南宁吴圩机场15千米，交通条件优越。规划总建筑面积超过488万平方米，由华南城控股有限公司投资建设。

南宁华南城是一个集建材家具、五金小商品、纺织皮革、电子电器、化工塑料、汽车配件、医药器械、日常用品、东盟小商品等交易中心于一体，涵盖纺织、服装、皮革、皮具、电子、五金、化工、塑料、印刷、纸品、包装、东盟小商品、工业原料等数千个产品门类，以及相关产品专业物流仓储设施，配套星级酒店、写字楼、住宅等的物流城。提供展示交易、会展、电子商务、仓储、配送、货运、检测、金融结算、人才交流、物业管理、广告宣传以及住宅、超市、购物中心、酒店、餐饮、娱乐休闲等生产和生活配套服务于一体的大型工业原料及产品展示交易中心、现代商贸物流中心和高端生产服务基地。

南宁华南城规划思路清晰、功能定位及布局合理，按照集中建设、紧凑发展、先易后难、逐步推进，各功能区同步开发原则进行建设。一期项目于2009年10月开工建设。南宁华南城落户南宁以来，就开始了全球招商工作，先后前往国内沿海发达地区推介、招商。2011年、2012年，公司多次赴东盟各国进行项目招商推介，面向东盟各国推出5万平方米免租5年的产品展示区，受到东盟各国的欢迎。

南宁华南城立足南宁、面向西南、服务东盟及世界，将建成品种齐全、现代化程度高的工业原料及中国—东盟商品交易中心，为南宁及广西地区的制造业、商贸物流业提供支撑平台，对企业降低生产采购和物流成本、提高采购效率和企业利润、改善投资环境和城市形象、完善城市功能和产业布局、带动创业就业和增加地方财税来源都具有十分重要的意义。预计项目建成投入运营后，将陆续有近10万家中小企业入驻开展业务，有 15 万 ~20 万人口在南宁华南城内工作或生活，年交易额将超过 1000 亿元人民币，每年为南宁带来超过 10 亿元人民币的财税收入，为提升南宁市的整体形象、助推南宁市"三基地一中心"的建设以及中国—东盟经贸的发展作出贡献。

第四节　不要让好政策坏在领导圈里

> 行己有耻，使于四方，不辱君命，可谓士矣。
>
> ——《论语》

《论语》是中国春秋时期一部语录体散文集，主要记载孔子及其弟子的言行，较为集中地反映了孔子的思想。这句话的意思是说，一个人有了内心的良好修养以后，不可以每天只陶醉在自我世界，一定要出去为这个社会做事，要忠于自己的使命，做到"不辱君命"。孔子的这个"士"的标准有着现实意义。在当前中国城镇化建设过程中，个别地方政府常常是上级出台一个好的政策，但只是在上下级之间传播，或只在同级的领导与领导之间传播，以至于好政策坏在领导圈里，这就是一种"辱君命"的行为。好政策都是利国利民的，因此，各级地方政府要将这些政策传播给百姓、企业、产业、资本等群体和市场主体，而领导者自身更要切实做好落实与监督工作。这是新时期对领导者"治理能力现代化"的要求。

2014 年 3 月，中共中央、国务院发布的《国家新型城镇化规划（2014—2020 年）》（以下简称《规划》），明确了未来城镇化的发展路径、主要目标和战略任务，统筹相关领域制度和政策创新，是今后一个时期指导全国城镇化健康发展的宏观性、战略性、基础性规划。对全面建成小康社会、加快推进社会主义现代化具有重大现实意义和深远历史意义。下面我们先来看一下这个《规划》的主要内容和它的特点，这对于各级政府切实抓好落实工作很有必要。

《规划》确立了五大发展目标和四大战略任务。五大发展目标，一是城镇化水平和质量稳步提升；二是城镇化格局更加优化；三是城市发展模式科学合理；四是城市生活和谐宜人；五是城镇化体制机制不断完善。四大战略任务，一是有序推进农业转移人口市民化，逐步解决长期进城的农民落户问题；二是优化城镇化布局和形态，以城市群为主体形态，促进大中小城市协调发展；三是提高城市可持续发展能力，增强公共服务和资源环境对人口的承载能力；四是推动城乡发展一体化，让广大农民平等分享现代化成果。

《规划》具有"三新"的特点，即思路新、主线新和举措新。所谓思路新，就是新在核心指导思想，即"以人为本、四化同步、优化布局、生态文明、文化传承"。所谓主线新，就是新在农民市民化。新型城镇化首先考虑的是"化人"，而不是"造城"。"化人"就是农民市民化和公共服务均等化。所谓举措新，就是新在5个方面创造性措施。一是城市群为主体形态、协调发展的空间布局，解决人往哪里去的问题。二是"发债＋PPP（公私合伙制）模式"，解决钱从哪里来的问题。三是提高人口密度，解决城市怎么建的问题。四是确定土地制度改革的主要方向，解决土地怎么用的问题。五是统筹城乡发展，解决新农村怎么建的问题。

这个《规划》是宏观的，是战略的，实施过程中将会遇到大量的新情况、新问题，政府层面尤其需要坚持从实际出发，按规律办事，并用实践检验。经验教训告诉我们，新型城镇化是人民主体、政府主导的城镇化，不能变成市长县长的城镇化，而忽视市场的城镇化。在《规划》提出的城镇化要坚持的基本原则中有一个"市场主导，政府引导"原则，明确要求各级政府要"正确处理政府和市场关系，更加尊重市场规律，坚持使市场在资源配置中起决定性作用，更好地发挥政府作用，切实履行政府制定规划政策、提供公共服务和营造制度环境的重要职责，使城镇化成为市场主导、自然发展的过程，成为政府引导、科学发展的过程"；"统筹规划，分类指导"原则中还要求"地方政府因地制宜、循序渐进抓好贯彻落实"。

从以往的情况看，有的地方政府之所以没有将城镇规划落到实处，一方面是领导者不作为，不能发挥管理组织系统的应有效力，以至于政权作用被架空，管理重心下移"下"不下去，下一级的层面统一管理"统"不起来；另一方面，管理责任貌似清晰但实际上却是模糊的。新《规划》公布后在执行过程中也可能出现类似情况。为了避免好政策坏在领导圈里，各级政府管理层就要以破解管理中的难点为突破口，切实落实实施，并不断完善管理措施，有效地保证各项工程建设按照新《规划》和核心智库提供的规划实施。

1. 提高人员素质和规划管理水平

各级城乡规划部门、城市园林部门要加强队伍建设，提高队伍素质。要建立健全培训制度，加强职位教育和岗位培训，不断更新业务知识，切实提高管理水平。

2. 严格工作职责，落实责任追究，切实加强规划日常管理

建立健全严格的工作考评和过错追究制度，严格工作责任制，划片巡查，责任到人，发现问题及时纠正和处理。同时要把产业发展落地、落实在空间布局上。

3. 建立健全规划实施的监督机制

城乡规划实施情况每年应当向同级人民代表大会常务委员会报告。下级城乡规划部门应当就城乡规划的实施情况和管理工作，向上级城乡规划部门提出报告。城乡规划部门、城市园林部门可以聘请监督人员，及时发现违反城乡规划和风景名胜区规划的情况，并设立举报电话和电子信箱等，受理社会公众对违法建设案件的举报。

4. 严肃查处违法建设行为

市场经济条件下的城市运营尤其需要加强执法力度，因此要规范执法行为、塑造执法队伍形象，寓管理于服务，树立以人为本的管理理念。同时，定期与监察、土地、房产等部门组成联合检查组，对在建项目中存在的突出问题进行检查，及时发现并解决建设工程实施过程中存在的问题。

5. 加强宣传工作

要大力做好宣传工作，充分发挥电视、广播、报刊等新闻媒体的作用，向社会各界普及规划建设知识，让人民群众广泛参与城市规划工作，努力提高全社会的城市意识、规划意识，做到自觉遵守城市规划，自觉维护城市规划。对人民群众反映的规划问题，坚持做到件件受理，件件有结果，维护人民群众的切身利益。

城镇建设管理重在落实规划。而新《规划》是牵一发、动全身，上面一动，下面都会有紧跟的重大、方向性规划，因此需要地方政府发挥好积极性和能动性，从创新的角度出发来解决这些挑战和问题，消化这份规划，因地制宜地谋求发展，只有这样才能保证新型城镇化的正确方向。

总之，中国新型城镇化推进过程中，城镇化规划和建设的核心重点在于招商引资、产业、资金、政策、理念的落地，不能只是在领导圈里会话、传阅、传达和指示，而是要与市场、企业、产业、资本、信息、理念无缝对接、沟通与合作。不然，好的规划、好的政策、好的项目就会坏在领导手里和口里。

第五部分

未来城市之路

第十一章　核心智库引领的以人文价值为核心的城市规划运营战略

长安大道连狭斜，青牛白马七香车。

玉辇纵横过主第，金鞭络绎向侯家。

——《长安古意》

《长安古意》是"初唐四杰"之一卢照邻描写长安的一首诗，开篇这两句展现了长安大街深巷纵横交错的平面图，接着描绘香车宝马络绎不绝，有的驶入公主宅第、有的奔向王侯之家的街景。全诗长达68句，以多姿多彩的笔触勾勒出唐都长安城的全貌。长安就是现在的西安。西周时期、秦汉时期、唐代，西安长期作为中国古代都城，在长期的建设实践中不断积累、充实城市规划经验，形成适应中国封建社会政治、经济特色的古代城市规划思想，包括"左祖右社""面朝后市""前朝后寝"的城市规划布局、棋盘式的城市道路、闾里网络结构等，不仅体现于当时城市的空间结构，而且其布局痕迹及思想体系影响至今。

西安的历史文化，北京的政治中心，上海的经济实力，这3座城市所具备的基本要素是国内任何一座城市也无法达到的。要想凭借历史人文资源进行发展，有关核心智库制定以人文价值为核心的城市规划运营战略是关键。

比如，西安市第五次城市规划的设想，规划时间为2015—2030年。规划核心思路是打造一座与北京、上海鼎足而立的城市。文化中心西安为皇都，政治中心北京为帝都，经济中心上海为王都，广州、天津等经济发达城市为伯都。该规划设想主要是以汉长安城遗址为核心，形成东临浐霸，西临沣渭的九宫城市格局。总体规划为"一心、九宫、四轴、八道、四阙、四象"。一心，为汉长安城遗址。九宫，为汉长安城遗址为中心汉尺3000丈，7000米，形成九宫格局。四轴，为汉长安城遗址，东西南北四条历史文化走廊。八道，为九宫格局形成的八条地理文化走廊。四阙，为九宫外正对四轴的阙楼。四象，为阙楼外的四象广场。西安市的城市规划建设实践，凸显了中国当前城镇化发展过程中核心智库如何"以人文价值打造城市竞争力"这一时代命题。

事实上，一个城市的发展历经沧海桑田，如果没有文化的濡养，城市里的人们不可能生存下来，也不可能创造出城市文明，如果说"一方水土养一方人"，那么也可以说"一方人文成就一方水土"。因此，每一座城市都有自己的历史文化资源，都有可以梳理和挖掘的人文价值，都有可以弘扬的人文精神。要想使现在的城市有一个美好的未来，必须走可持续发展之路，而达到这一目的最有效的做法，就是制定和实施由核心智库引领的以人文价值为核心的城市规划运营战略，以此来实现城市梦想。这一论点，也可以看作针对本书全部内容得出的结论。

核心智库在制定以人文价值为核心的城市规划运营战略时，跨界、融合与创新是关键所在，这应该成为核心智库制定城市发展战略最重要的着眼点，也是城市的未来之路。关于跨界、融合与创新，我们在本书的前面已经有所论述。下面，分3个部分来进一步解读跨界、融合与创新的时代内涵，并对城市未来之路进行展望，作为本书主题的深化和拓展。

第一节　　"跨界"，是城市未来的运营战略

> 纵者，合众弱以攻一强也；横者，事一强以攻众弱也。
>
> ——韩非《韩非子》

跨界在制定和实施城市规划运营战略中占有首要地位，因为跨界可以整合并优化各方面的历史人文资源，有利于打造城市人文形象，彰显城市人文价值。它是在跨界思维指导下的一种策略。所谓跨界思维，就是大世界大眼光，用多角度、多视野地看待问题和提出解决方案的一种思维方式。它不仅代表着一种时尚的生活态度，更代表着一种新锐的世界大眼光，思维特质。

以人文价值为核心的城市规划运营中的跨界是一种合纵"连横"整合策略，其根本在于让处于不同领域、不同历史时期、本互不相干的人文资源，相互渗透、互相融合。如果将既定领域内的纵向钻营比喻为"物理式"的进化，那跨界整合带来的将是"化学式"的连锁反应与激变。在市场经济条件下的城市运营渐渐向市场倾斜的今天，连

横式的创新模式为核心智库制定城市规划提供了打造城市品牌纵深感的绝妙方法，使得城市可以将更多的资源盘活并互用，提升城市的整体竞争力。跨界是城市规划的时代逆转，它要求核心智库具有丰富的经历、丰富的阅历和综合的知识结构，能通方能达，不通则不能达。

2012 年 3 月，潍坊文化产权交易中心（以下简称"潍坊文交所"）联合山东景芝酒业等部门正式向公众推出了已逝画家于希宁艺术典藏酒项目。打造非物质文化遗产资源跨界整合的"潍坊模式"迈出了重要的一步。

潍坊不算座大城市，但不可小觑。美国华盛顿有一座宇航博物馆。大厅里，挂着一只中国风筝，边上写着："人类最早的飞行器是中国的风筝和火箭"。潍坊有一座风筝博物馆。屋脊是一条完整的组合陶瓷巨龙，托于孔雀蓝琉璃瓦屋顶上，似蛟龙遨游长空，击荡九霄。风筝，人类飞天梦的载体。潍坊，因风筝闻名世界。腾飞，是这个古老城市的现实梦想。自主创新，则是成就其凌云之志的不竭动力。

潍坊是个文化大区，人文鼎盛，民间艺术灿若星辰。除了风筝外，年画、剪纸、景芝酒等都是潍坊的民间文化瑰宝，从各个角度诠释着潍坊厚重的文化传统。在全球化大潮和强势产业的快速发展的挤迫下，这些珍贵的文化遗产现状堪忧，许多传承千百年的好工艺日渐式微，走向湮没。同时，中国广袤的土地上诸多民间民俗艺术也面临着同样的问题，如何让这些非物质文化遗产自身形成持续内驱力，焕发生机，已成为相关部门急需解决的重大课题。

潍坊市委市政府顺应中央政府大力发展文化产业的政策要求，一直重视并致力于对非物质文化遗产资源跨界整合与产业推动的可行性探索与研究，大力整合民间非物质文化遗产资源，开拓思路，以跨界整合的角度切入对传统文化艺术产业的扶植与再造。首创被业界称为非物质文化遗产资源跨界整合的潍坊模式，让文化艺术产业在新的市场环境中拓宽发展空间，走出传统民间工艺的狭小内循环体系，与市场经济共舞。

潍坊文交所联合山东景芝酒业推出的于希宁艺术典藏酒项目，就是在这种大背景下推出的试水之作。它跨界融合了景德镇非物遗陶瓷工艺，景芝镇非物遗传统酿酒工艺，国画名家于希宁大师的名作系列，不但推动潍坊强势白酒品牌走向全国，更为面临困境的传统非物遗注入了新的活力，从而驱动区域传统文化产业的发展建立新的机制与模式。同时，新的机制与模式也会让广大投资者分享民族艺术所蕴藏的巨大财富机会。在文化艺术产业发展的潍坊模式牵引之下，潍坊当地的年画、风筝、泥塑等非物质文化遗产资源有望走向新的跨界整合与产业推动平台，不断形成经济效益与社会效益双双放大的良好局面。

按下一步规划，潍坊将进一步依托泥塑、风筝、年画等特有的传统文化资源优势，按照文化艺术发展的内在规律，以审美的视角、文化的情怀、产业的理念、资本的动力、市场的机制，不断跨界整合非物遗资源，大力普及和推广传统文化艺术，向世人彰显潍坊传统文化的魅力。"潍坊模式"扎根齐鲁大地，最终将走出潍坊，在全国遍地开花。

第二节　　"融合"，是城市人文的温暖绽放

天人报应，尚堕涉茫；上下融合，实关激劝。

——陈亮《书赵永丰训之行录后》

融合，是指将两种或多种不同的事物合成一体。核心智库制定以人文价值为核心的城市规划运营战略强调融合，这是时代所需。因为在国际社会越来越多元化的今天，全球城市化带来城市多元文化的相互碰撞与相互融合，世界各国的人们比以往任何时代都更为关注文化自由以及文化的识别性；而全球化下的城市文化面临着来自多方的冲击，不同民族、不同地域的文化形成了人类文化的多元性。正是因为这种文化多元性，方才显示出其鲜明的民族性与地域性，形成了五彩缤纷的精神文化产品。由此可见，多元文化的融合是城市建设的灵魂。

核心智库制定以人文价值为核心的城市规划运营战略中的融合，主要包括两种形式，一是行业融合，二是区域融合。

行业融合是历史发展的必然和时代的要求。从历史的角度来看，许多行业都经历了与其他行业不断融合的演变过程。城市规划行业的发展历程也是如此，从最早的建筑师、工程师、景观师和卫生事业工作者参与，到目前集聚了地理学、经济学、社会学领域的大量人才等，每一次融合和吸收，既是创新的过程，也是行业发展的跳跃过程。

当前，随着各级政府的职能逐渐从"经济建设型"向"公共服务型"转变，城市规划行业也正在由"服务于经济建设"向"服务于公众利益"转型。在这一过程中，核心智库更需要与时俱进，转变旧的思维模式，脱离"服务于经济建设"的一维目标，探索自身新的定位，并进而促进政府职能的转变。只有价值观得以提升，才能带动城市规划社会功能和公共政策属性的强化，才能促进本行业的发展、壮大以及与其他行业的融合。也只有不断跨界吸收各种类型的有用人才，扩充壮大行业队伍，才能实现协调、可持续的行业发展。

区域融合指的是城乡融合，这是时代的要求。长期以来，我国城乡关系表现在城市与乡村的差异和非均衡性，也就是所谓的"城乡二元"结构。在快速城市化过程中，各级城市都在采用各种手段，争取自己发展的机会以及经济利益，这种态势本无可厚非。但区域分割的现实使这种态势发展到了极致，出现了区域中城市恶性竞争、区域基础设施重复建设、区域产业不合理布局、流域遭受污染破坏和资源利用不平衡等严重问题。只有走向区域融合，增进区域的协调发展，才能实现可持续发展。这是当前和未来城市、区域发展的必然选择。只有这样，才能促进城市的集约发展和城市间的良性竞争，减少区域基础设施，才能合理培养城市和区域间的产业集聚功能区，从而更加有效合理地利用资源，推进可持续发展，满足建设和谐社会、实现区域统筹的社会需求。

《中国城市竞争力报告》中指出："21世纪的区域竞争，将以文化论输赢。"城市竞争力的核心在于城市品牌建设，而文化则是城市品牌的主要动力，只有文化能为一座城市塑造最鲜明的个性。文以城载，城因文胜。世界知名的规划师和建筑师伊利尔·沙里宁曾经说过："让我看看你的城市，我就能说出这个城市在文化上追求的是什么。"言下之意，建筑从某些层面而言，就是整个城市文化最直接的体现。

作为有着3000多年建城史的国家级历史文化名城，邯郸在城市建设中，既全面展示现代之美，也着重体现淳厚古朴的历史文化，力求建设一座文化内涵丰厚、历史烙印鲜明的现代化城市。因为历史文化悠久，在城市建设中，邯郸一直致力于文化的传承、保护。虽然如此，但随着城市规模的逐渐扩大、人口的不断增加，一些文化遗迹、遗存的生存空间开始受到挤压，赵王城遗址、大北城、临漳邺城、永年广府古城……都多多少少存在这样的问题。要彰显这些璀璨的历史文化，就必须拆迁历史遗迹周边的违章建筑。因此，邯郸在大规模拆旧、拆违、拆陋的同时，也拆除了破坏历史文化风貌的各种违法建筑。

广府古城外是一片面积达 4.6 万亩的永年洼，洼淀地势较低，常年积水，有"北国江南"之称。但近年来，洼淀周边建设了大量违法建筑，破坏了原有风貌。为此，邯郸对广府城外的违法建筑进行了大规模拆迁，一个月就拆违拆旧 10 万多平方米，初步恢复了"江北水乡"的风貌。

邯郸市区的古城址、古建筑遗址多数位于繁华的老城区，而老城区又往往是拆迁的重点。为使城市建设不损害埋藏在地下的文物，邯郸市出台了《文物保护管理规定》，严格规定建设项目要依法履行文物保护手续。并且，把文物保护单位作为 15 个审批窗口之一，进入了项目审批中心。表面上看，这似乎给一些工程的建设增加了一道手续，但有了文物保护这道关口，就能有效保护古人遗留下来的历史，就能延续城市的历史文脉，使城市的建设更具品位、更有内涵。

丛台区有一块黄金宝地，有些开发商为了争得这块地，竞相给出高价，但政府一直不为所动。要想打造邯郸的独特魅力，就必须在城市建设中打出文化牌、名人牌，留下这块地，其意义也正以纪念荀子为核心主题，邯郸在这片空地上建起了龙湖公园。荀子是赵国人，生活在邯郸，挖掘、发扬这一独特的历史文化，能大大提高邯郸城市的知名度，使邯郸的文化内涵更加丰厚，这要比单纯搞几个商业项目更有现实和社会意义。

通过设立文化室、建文化墙、矗立文化雕塑、保留文化景致等物化优秀文化的方式，以及建特色文化学校、社区、宾馆和公园等形式，邯郸凸显了特色文化景观，彰显了文化魅力，提升了城市的文明程度和文化品位。在邯郸市中华大街，路两侧高大的法桐盘根错节，遮天蔽日，不仅为人们带来了浓浓绿意，更见证着这座古城的风雨变迁；罗敷园、荀子园、太极园等遍布市区各个角落的大小游园，充分体现了历史典故、名人逸事、成语故事与现代园艺的融合，这些游园或古朴典雅，或时尚精致。信步园内，既能放松身心，又能了解这座城市的历史和文化。

第三节 "创新"，是城市发展的永恒主题

> 今贵妃盖天秩之崇班，理应创新。
>
> ——《南史·后妃传上·宋世祖殷淑仪》

善于创新与创造，是一个国家和地区保持旺盛生命力，立于不败之地的根本。而对于一个城市来说，创新是高起点规划，高标准建设，高水平经营，高效能管理的永恒主题。一句话：必须创新城市规划、建设、经营、管理的理念。

1. 实现规划的高起点

城市是一个国家和地区的政治、经济、科学技术和文化教育的中心，是现代工业与第三产业集中的地方，在国民经济和社会发展中起主导作用，而城市规划是城市建设与管理之龙头。城市规划是多目标的，既要生态，又要"文化"；既要效率，又要景观；既利于经济发展，又利于生活提高。城市空间布局形态的取舍，是对规划决策人知识、智慧的挑战。事实上，规划是否有创新的理念、"大手笔"的运

作和战略性的思维，对一个地方的经济社会发展有着举足轻重的影响，科学的规划可以为城市建设发展创造新的空间，创新的规划可以实现城市资源的最佳配置。

2. 实现建设的高标准

规划是前提，是龙头，建设是关键。城市规划顾及方方面面，而要把一个高起点的规划变成一个有特色、有影响、有发展、利百姓的城市，关键在于高标准的建设。城市建设是一门艺术，城市建设中的每一个小区、每一幢建筑、每一块绿地等都需要精雕细琢，使之成为流传千古的艺术品，不如此，我们的规划再好也是无济于事。古典欧洲几百年乃至上千年不落后的建筑及其广场，当代中国许多现代化生态型、文化型、山水型等各具特色的城市布局、建筑艺术和住宅小区，都给我们建设具有特色的现代化精品城市提供了实例。我们一定要创新建设思路，根据不同地区、不同地形、不同建筑、不同文化，建造出具有不同品位、不同风格的城市。努力按照这些标准规划和建设，必将为后人留下值得为之付出和骄傲的现代化中国城市和百姓生活的最佳居住地。

3. 实现经营的高水平

城市运营的要领从本质上讲就是把市场经济中的经营理念、经营机制、经营主体、经营方式等多种要素引入城市建设与管理中。全面盘活城市资产，促进城市资产重新配置和优化组合，从而建立多元化的投融资渠道，不断扩充城市建设与管理资金来源。其根本目的是提升城市功能可持续发展，增强城市的综合竞争能力，防止为急功近利和部分利益而牺牲长远利益和全局利益。要把一个城市建设好，必须创新经营理念、创新经营模式，走出适合自己的经营城市的特色之路。

4. 实现管理的高效能

规划、建设、经营，一切的一切都以管理为先。规划本身就是法律，就是城市管理的手段。如何使规划成为城市管理机制创新的重要载体，全面深化城市管理体制，激活城市管理机制，这一切都需要我们大胆地创新理念，城市管理是一个十分复杂的大系统，如何实现庞大系统的有效管理，必须实现体制和机制的创新。

西安当地人，没人不知道"道北"，有点像北京的"龙须沟"，特指西安1934年陇海铁路开通之后，铁路以北，即在西安城老城墙的北边——唐代大明宫的遗址。

为保护文化底蕴深厚的大明宫遗址，西安市早在2007年就积极与金融部门合作，寻求资金支持。在当时，西安市委、市政府正式决定进行大明宫遗址保护及周边环境改造工程（共19.16平方千米），计划投入102.5亿元，其中，资本金均由曲江新区管委会通过财政直接投资方式投入，共计42.5亿元，但还面临60亿元的资金缺口，需要银行支持。起初，国家开发银行（以下简称"国开行"）对大明宫项目顾虑很大。据国开行陕西省分行行长黄俊介绍，如果单纯支持大明宫遗址公园项目，由于开发投入大，建成后门票收入有限，银行的贷款风险较大，很难给予授信。而且，如果仅支持遗址公园的周边建设，局限于缝缝补补的周边环境改造，又脱离了文化项目的基本主题。

面对这些难题，国开行总行和陕西省分行进行调研后，最终为大明宫遗址保护区设计了"一拖一"的方案，即以城市环境开发托起遗址保护工程，以大明宫国家遗址公园保护与周边商业开发衔接的方式，解决了遗址公园营业收入少、投资回收期长的还款困境；同时借鉴城建项目，采取政府委托代建，实行土地出让金回流动态还款的方式，解决了因门票无法质押（归集财政）的担保困境。在国开行的金融支持下，历时 3 年，大明宫项目已经顺利完成了遗址保护工作，在遗址周边的 6 个村 10 万人得以顺利搬迁，遗址公园得以整规格、整建制地保护下来。在保护工作完成后，第二步的计划是以公园建设带动城市发展。遗址公园建成后，将成为西安市一二环内少有的具有文化内涵的公园。

大明宫国家遗址公园建成后，于 2013 年重磅推出了革新性旅游产品——《日月大明宫》，这是中国首部多媒体动态艺术空间体验秀，通过打造"水、墨、色"3 个篇章，展示唐王朝 289 年历史的宏伟与美丽，彰显大唐在政治、经济、文化、艺术等领域的卓越风采。全剧综合运用了现代多媒体技术和舞剧等表演形式，完成了跨界融合的舞台表达，将文化、艺术与科技完美结合，创造了全新的"盛唐穿越体验"，生动再现了大唐的恢宏盛世和人文情怀，让大家在观演的同时体验唐朝文化，融入历史。《日月大明宫》把城市文化用现代化的手段展现出来，扎根生活，贴近生活，成为西安城市文化品牌建设中的一个新亮点。

参考文献

［1］刘易斯·芒福德. 城市文化［M］. 宋俊岭，李翔宁，周鸣浩，译. 北京：中国建筑工业出版，2009.

［2］吴军. 文明之光［M］. 北京：人民邮电出版社，2014.

［3］田学斌. 传统文化与中国人的生活［M］. 北京：人民出版社，2015.

［4］张岱年，程宜山. 中国文化精神［M］. 北京：北京大学出版社，2015.

［5］塞廖尔·亨廷顿，劳伦斯·哈里森. 文化的重要作用：价值观如何影响人类进步［M］. 程克雄，译. 北京：新华出版社，2010.

［6］王莉丽. 智力资本：中国智库核心竞争力［M］. 北京：中国人民大学出版社，2015.

［7］《万象》编辑部. 城市记忆［M］. 沈阳：辽宁教育出版社，2011.

［8］刘治彦. 城市区域经济运行分析［M］. 北京：中航出版传媒有限责任公司，2006.

［9］罗党论. 市场环境、政治关系与企业资源配置［M］. 北京：经济管理出版社，2010.

［10］汪德华. 规划历史与理论研究大系·理论卷：中国城市规划史［M］. 南京：东南大学出版社，2014.